上海特大型城市低碳城市规划

——城市空间结构与交通规划策略

潘海啸　著

同济大学 出版社
TONGJI UNIVERSITY PRESS

内 容 提 要

　　本书以上海为研究对象，从土地使用与交通的关系出发从区域层面、总体规划层面、居住区与街区层面探讨了如何实现低碳城市的规划和交通策略。提出建立基于多模式平衡型绿色交通先导的多心，多核网络嵌套型低碳高效的大都区空间结构。提出了公共交通交通枢纽体系建设与各级城市中心建设耦合的理论。强调建设非机动化交通友好的城市环境对于低碳出行的重要意义。并通过对现行居住区设计规范问题的分析，指出只有对技术规范进行有效调整并从城市的经济、政策、法规、宣传、教育等多方面入手，才能有效地抑制小汽车使用，保障低碳城市的实现。本书对城市规划与城市建设管理、交通规划和生态城市建设的研究人员和管理人员具有一定的参考意义。

图书在版编目(CIP)数据

上海特大型城市低碳城市规划:城市空间结构与交通
规划策略/潘海啸著. —上海:同济大学出版社,2016.3
　　ISBN 978-7-5608-6245-3

　Ⅰ.①上…　Ⅱ.①潘…　Ⅲ.①城市规划-交通规划-研究-
上海市　Ⅳ.①TU984.191

　中国版本图书馆 CIP 数据核字(2016)第 052084 号

城镇群高密度空间效能优化关键技术研究
课题编号：2012BAJ15B03

上海特大型城市低碳城市规划:城市空间结构与交通规划策略
潘海啸　著

责任编辑　陆克丽霞　　**责任校对**　徐春莲　　**封面设计**　陈益平

出版发行　同济大学出版社　　www.tongjipress.com.cn
　　　　　(地址:上海市四平路 1239 号　邮编:200092　电话:021-65985622)
经　　销　全国各地新华书店
印　　刷　大丰市科星印刷有限责任公司
开　　本　787 mm×1 092 mm　1/16
印　　张　8
字　　数　200 000
版　　次　2016 年 3 月第 1 版　　2016 年 3 月第 1 次印刷
书　　号　ISBN 978-7-5608-6245-3

定　　价　36.00 元

前 言
Foreword

　　应对未来全球能源短缺、环境恶化,选择低碳发展已成为全球越来越多城市的共同认识,在我国坚持可持续发展、建设低碳城市也已成为从中央到地方的重要发展目标。上海作为中国经济最发达、规模最大的城市之一,亦应成为中国低碳城市的典范之一。

　　越来越多的研究表明,在城市层面,交通将成为未来最主要的碳排放源头之一,而城市规划设定的城市空间结构与出行方案对于交通出行造成的碳排放具有决定性作用。本书针对上海这一特大型城市的特点,结合国内外同等规模城市的经验,通过对于上海不同区域、不同交通问题的细致的现场调查分析与研究,将分别从区域层面、总体规划层面、居住区与街区层面提出实现上海未来低碳交通目标的城市空间结构与交通规划策略,在技术层面研究城市密度与用地混合对低碳交通出行的影响。面向低碳城市发展的特殊需求,强调建设非机动化交通友好的城市环境对于低碳出行的重要意义。

目 录
Contents

第1章
背景与目标

1.1 背 景

越来越多的研究表明,能源短缺问题和二氧化碳排放所造成的全球气候变化会对全球的生态环境变化带来不可逆转的影响,这将会是一个影响全球未来发展的问题。中国 2050 年的城市化水平预计可能突破 70%,这是世界上任何一个国家都没有经历过的快速的城市化阶段。在高速的经济增长与城市化进程之下,中国的发展越来越受到来自环境、社会、区域的种种压力,如何在保持经济高速稳定增长的同时,又能够解决城市化发展过程中产生的各种矛盾,尤其是减少城市能源消耗与废气的排放成了中国政府非常关注的问题。

2003 年英国政府将低碳经济(low carbon economy)作为一种新的发展观,写入政府能源白皮书。之后许多城市开始以"低碳城市"作为城市发展的目标。低碳城市发展是指城市在经济发展的前提下,保持能源消耗和二氧化碳排放处于较低水平。除了阿布扎比马斯达城、瑞典马尔默与丹麦哥本哈根等著名案例,英国低碳信托基金通过"低碳城市方案",在曼彻斯特、利兹和布里斯托尔等城市建立了领导联盟。与此类似的还有大城市气候领导联盟,即 C40 城市。该联盟的成员城市包括 40 个世界知名的大城市,如纽约、伦敦、巴黎、东京、多伦多、圣保罗等,中国的北京、上海和香港三座城市也参与其中[1]。

与上海同等规模的世界大城市中,伦敦对于城市交通排碳量的减少,采取了一系列的措施,其中通过经济手段的市场调节机制最为显著,有效遏制了小汽车的使用,鼓励公共交通。纽约提出建设更绿色、更美好的纽约为目标的 2030 城市规划,提出减少能源消耗和至少实现 30% 的温室气体减排的目标①。

城市规划对于城市发展有长期的、结构性的作用。城市的物质环境一旦建立起来就很难改变。并对人们的社会生活和经济活动产生深远影响。通过产业结构调

---

① Plan NYC 2030 A Greener, Greater New York. 2011. 4.

整、健康的生活方式和技术革新可以减少在生产、生活与消费领域的能源消耗与二氧化碳的排放，但是这些措施并不能改变由城市空间结构布局所带来的交通出行及其相应的能耗与排放，一旦城市规划决定的城市空间结构得以确立，则对其引起的交通出行进行结构性的调整将是非常困难的(图1-1)。西方国家的研究表明，城市交通所需要消耗的能源及排放的二氧化碳和其他温室气体总量增长迅速而且十分难以控制。技术的进步虽然能减少小汽车的能耗水平和废气排放量，但是如果人们生活质量的提高和社会经济的发展与小汽车使用的锁定关系依然成立，技术进步的作用将很快被抵消。在我国城市化进程加快和城市机动化水平迅速提高的情况下，如果不采取有效的规划策略，未来全球石油资源供应的不确定性和环境问题都将会成为我国城市发展的制约[2]。

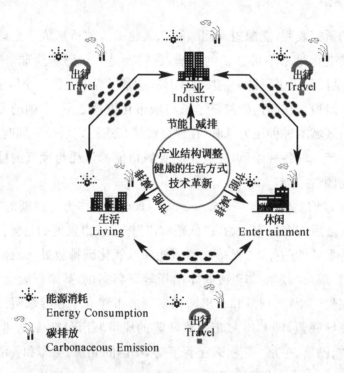

图 1-1 城市能源消耗与碳排放构成

在全社会节能减排，建设低碳城市的背景下，我们必须重新思考我们对于城市交通发展的观点，为改善未来城市交通排放与缓解城市交通出行困难寻找良方。对于低碳城市和低碳交通的广泛关注，体现了全社会对于交通能耗与排放问题的关注，也反映了现状小汽车交通主导的低控制高排放的交通模式急需得到有效的控制。规划的弱控制将会导致高车公里、高能耗、高排放的结果，从低碳的角度来理解，不坚持强控制的手段就是对弱控制与高能耗结果的一种纵容[2](图1-2)。

对于小汽车交通发展的无条件纵容，使得城市规划和交通建设许多方面都是从如

何方便小汽车使用的角度出发的。这种
发展带来的影响如图 1-3 所示,经济发
展,城市化进程的加快,城市生活水平的
提高都会对城市交通系统提出更高的要
求,小汽车的过度发展必将会影响到城市
的环境和能源消耗,进而影响城市的可持
续发展。有效的城市管理是解决城市交
通问题的根本性措施,这其中包括城市空
间规划,交通规划,有效的交通需求管

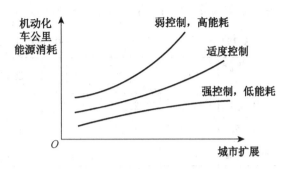

图 1-2　城市规划控制强弱结果比较

理[3]。基于中国城市的数据研究表明,城市空间结构对于城市能源消耗有很强的相
关性[4]。

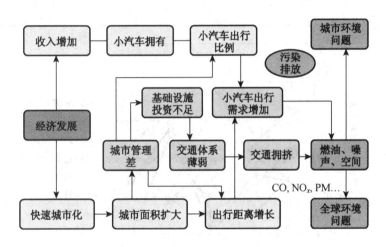

图 1-3　城市交通与资源和环境问题

　　在我国,如上海这样的特大型城市,城市生活用能和交通用能的上升速度非常快。
这种高碳的生活方式一旦形成,就很难扭转,对于上海来说,必须在城市尚未形成高碳
的生活方式前及早部署,避免生活方式被锁定于高能耗、高排放状态。虽然与国内其他
城市相比,上海在城市空间结构和交通规划策略上对抑制高碳排放取得了较为突出的
成就,但在发展过程中出现的某些高能耗与高碳排放不容忽略。如果未来上海的经济
发展依惯性推进,则人均碳排放量将达到全球其他大城市前所未有的规模。因此,对于
国际大都市的上海,“低碳化发展”是一个必须面对的严肃话题。

1.2　国际城市比较

　　比较一些国家人均二氧化碳的排放可以看出,与世界经济发达的一些国家相比,我
国人均二氧化碳排放水平并不是很高(表 1-1)。但一些发达国家的确采取了一些有效
的措施使得人均二氧化碳排放的增长率得以控制,特别是在一些大城市,低碳城市建设

受到普遍重视(图1-4)。

表 1-1			世界一些国家人均二氧化碳排放				单位:t/人	
年份 国家	1990	2000	2006	2007	2008	2009	2010	2011
中 国	2.2	2.7	4.9	5.2	5.3	5.8	6.2	6.7
美 国	19.3	20.2	19.1	19.2	18.5	17.2	17.5	17.0
澳大利亚	15.5	17.2	17.3	17.5	17.7	17.6	16.7	16.5
德 国	—	10.1	9.8	9.5	9.5	8.8	9.2	8.9
日 本	8.9	9.6	9.6	9.8	9.4	8.6	9.1	9.3
英 国	9.7	9.2	8.9	8.6	8.4	7.6	7.8	7.1
新加坡	15.4	12.2	7.0	4.0	4.9	4.8	2.7	4.3
奥地利	7.8	8.7	8.4	8.3	7.6	8.1	7.8	—

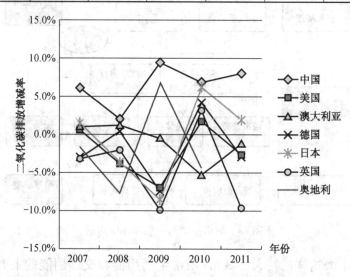

图1-4 世界部分国家1990—2011年人均二氧化碳排放增减情况

1.2.1 伦敦

伦敦市碳排放总量在2009年后下降明显(表1-2)。其中交通部门呈很缓慢的下降趋势,占碳排放总量的19%左右(图1-5);居民生活碳排放占总排放量的36%左右;商业与工业部门的碳排放占总排放量的45%左右。

表 1-2			伦敦市(行政区)分部门碳(及其他温室气体)排放统计(1990—2012)			
年份 类别	1990	2000	2009	2010	2011	2012
人 口	6 798 800	7 236 700	7 942 500	7 051 495	8 204 407	8 308 369
居住生活(Mt)	15.8	17.5	15.3	16.3	14.1	14.8

续表

年份 类别	1990	2000	2009	2010	2011	2012
工业商业(Mt)	19.7	24.1	17.4	19.0	16.3	17.4
交 通(Mt)	9.5	8.7	9.9	8.6	8.6	8.6
总 计(Mt)	45.1	50.3	42.5	43.8	39.0	40.8

注:2010年后的数据包括其他的温室气体。
(资料来源:www.data.london.gov)

2010年伦敦市人均碳排放总量保持在6 t/人左右,2011年以后,包括二氧化碳在内的温室气体排放已经下降到4.75 t/人以下,其中道路交通部门的人均碳排放在2003年以前仍然在继续递增,从2004年开始持续递减,最终由1990年的1.06 t/人,逐渐下降至2012年的0.77 t/人。图1-6为伦敦市人均二氧化碳排放和人均道路交通二氧化碳排放的逐年变化情况。

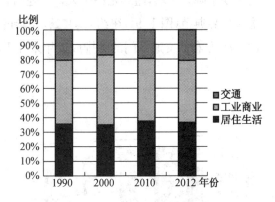

图1-5 伦敦市1990—2012年各部门碳排放比例

(资料来源:http://www.decc.gov.uk/英国能源与气候变化署)

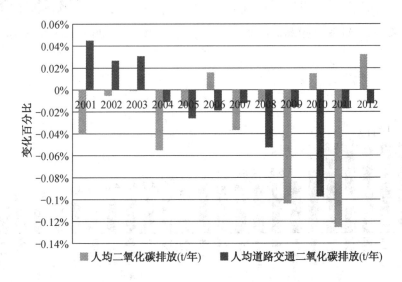

图1-6 伦敦市人均二氧化碳排放和人均道路交通二氧化碳排放的变化(2001—2012)

2010年,大伦敦市提出应对气候变化新的战略:气候变化减缓和能源战略。设定了到2025年相对1990年减排60%的目标。

伦敦对于城市交通排碳量的减少,采取了一系列的措施,其中通过经济手段的市场调节机制最为显著,有效遏制了小汽车的使用,另一方面也鼓励公共交通。

1.2.2 纽约

纽约市碳排放总量在2005年达到高峰,随后朝着更绿色、更美好的纽约这一发展目标,在布隆伯格市长领导下政府制定了详细的减排计划,并每年对外公布二氧化碳排放的变化(具体请见:*Inventory of New York City Greenhouse Gas Emission*)(图1-7)。至2012年 纽约市二氧化碳的排放量已减少到4 790万t,其中公共建筑、产业及商业部门碳排放都有较快下降。虽然,纽约是一个人口和建筑物密集的全球城市,在人均二氧化碳的排放方面堪称世界典范(图1-9),纽约人均二氧化碳的排放甚至低于波特兰市,但占城市二氧化碳排放20%左右的交通部门的碳排放近年来几乎没有太大变化。

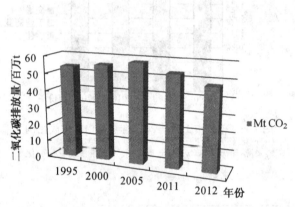

图1-7 纽约二氧化碳的排放

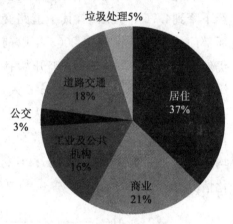

图1-8 纽约二氧化碳排放的构成(2012)

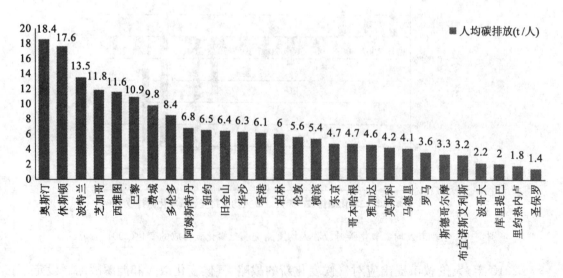

图1-9 世界一些城市人均二氧化碳的排放(t/人)

与其他城市相比,纽约人均公交乘次数还有待提高(图1-10),纽约提出以建设更绿色、更美好的纽约为目标的2030城市规划,提出减少能源消耗和至少实现30%的温室气体减排的目标。通过改进公交、轮渡服务,完善自行车交通总体规划来减少对于小汽车交通的依赖,减少汽车数量(图1-11)。主要通过四个方面的努力实现以上目标:避免城区的无序扩张、清洁能源、高效节能建筑、可持续性交通运输(图1-12)。

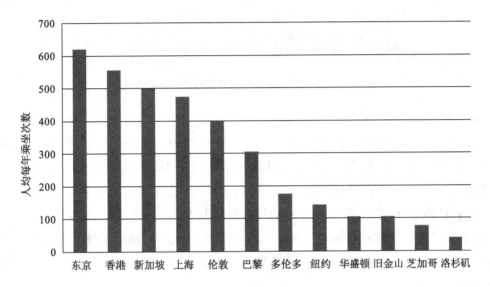

图1-10 纽约公共交通人均使用情况及与世界城市的比较

(资料来源:Inventory of New York City GHG Emissions 2007—2009)

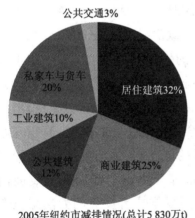

2005年纽约市减排情况(总计5 830万t)
由于废弃碳吸收和独立运算过程中的
四舍五入导致饼图总计达到102%

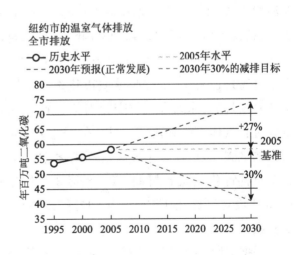

图1-11 纽约市2005年减排情况及2030年温室气体排放预测[1]

---

[1] Plan NYC 2030 A Greener, Greater New York. 2011.4.

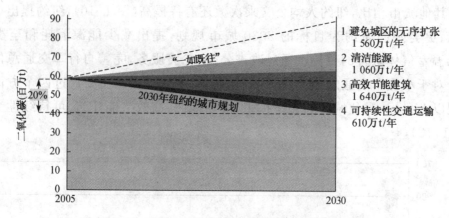

图 1-12　纽约四大方面措施对于减排的效果预期①

1.2.3　东京

东京早在 20 世纪 80 年代就开始反思发展过程中的教训,进入 21 世纪后,东京的环境有了明显的改善,按照人均二氧化碳排放量来看,东京为 4.7 t,与人均 5.6 t 的伦敦和人均 6.5 t 的纽约相比,有明显的优势。但总体来看形势仍不容乐观,如按照日本学者的统计,东京都一个城市的年能源消耗量,超过了北欧的丹麦和澳洲的新西兰;而温室效应气体的排放在 2005 年达到了 6 430 万 t,超过了挪威和瑞士一国的排放量。日本 2010 年温室气体排放换算为二氧化碳为 12.58 亿 t,比 2009 年反而增加 4.2%。

从 2000 年起,东京都成立了环境局,提出了"绿色东京计划";2002 年制定了"东京都环境基本计划";2006 年制定了"为实现可持续发展东京新战略计划"、"东京都可再生能源战略"以及反映东京都长远发展的"10 年后的东京计划"。东京设立了《东京减碳十年项目》,其中明确提出,"到 2020 年,东京都要把二氧化碳的排放量与 2000 年相比减少 25%"。作为《十年后的东京——东京在变化》项目的一项具体落实,2007 年 1 月东京都特别设置了"推动减碳城市建设本部"并设立"全球变暖对策应对基金",2007 年 6 月通过的《东京都气候变化对策方针》,核心是围绕《东京减碳十年项目》提出的目标进行具体筹划和落实。具体的努力方向有 5 个:全力推进企业的减碳、真正开始家庭的减碳、城市建设中减碳的规则化、加速汽车交通的减碳、各部门共同协作,构建有东京都特色的减碳机制。2008 年 3 月制定的《东京都环境基本计划》,主要面向 2016 年设立目标,前瞻 2050 年的各种预测和可能,通过反推或者反演的方法来思考现实政策。

根据统计,东京都 2000 年后传统产业部门与交通运输机构的减碳成效非常明显,但包括第三产业在内的大量事业部门与家庭的碳排放量不减反增,应成为今后继续努

---

① 同上。

力的焦点。

1.3 上海城市发展概况回顾

进入 21 世纪以来,面临着资源、环境、人口等各方面的挑战,上海提出建设"资源节约型"、"环境友好型"城市,加快实现上海建设"四个中心"的战略目标和总体定位。

1.3.1 城市化水平增长

1995 年上海常住人口为 1 415 万人,2006 年为 1 815.1 万人,2010 年为 2 301.9 万人,其中外来常住人口为 897.7 万人,占 39.0%。上海全市常住人口在 2000 年(1 640万人)就基本达到了总体规划 2020 年的预测规模。根据第六次人口普查公布数据,2010 年上海市常住人口总量已突破 2 300 万,较 2000 年增加了约 760 万。根据上海市 2012 年统计年鉴,到 2011 年,常住人口已达到 2 347.46 万人。

上海城市化水平保持稳步快速增长主要依靠外来常住人口的迁入。1995—2006年,上海全市常住人口净增 400 万人,同期外来常住人口净增 357.6 万。全市常住人口增幅为 28.3%,户籍人口的增幅仅为 3.2%,外来常住人口的增幅达 326%。从 2006—2011 年,上海全市常住人口净增 383.35 万人。

同期上海城市增长亦非常迅速。1999 年《上海市城市总体规划》中明确上海市的中心城(都市区)的范围为城市外环线以内的地区,约 660 km²。但 2009 年土地使用与建设发展情况来看已经突破了这个地理空间的限定,并以西郊地区为甚。总体上,中心城及其周边地区是新增建设用地的主要分布区域,通过插花式的用地扩张,推动中心城进一步与其周边地区连绵成片。城市建设用地的面积已由 2000 年的约 1 300 km² 增长到 2009 年底的 2 220 km²。从图 1-13 的比较中可以明显看出,上海近 20 年来的主要城市空间结构的调整发生在城市外围地区。

图 1-13 1997 年(左)及 2009 年(右)中心城及周边地区土地使用现状图

随着城市迅速扩张,更多的市民向城市外围迁移,居民出行距离也在不断增加。但是居民平均出行距离仅从2004年的6.2 km/次延长到2009年的6.5 km/次。从总体来看出行增长并不明显,但是数据的比较显示出行距离在局部地区,尤其是外围地区,呈现明显的出行长距离化的趋势(图1-14),这将导致这些地区的市民在未来将更倾向于选择机动化的出行方式。

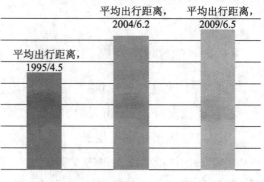

单位:年份/km

图1-14 平均出行距离增长情况

(数据来源:上海市城市综合交通规划研究所,2010)

1.3.2 城市机动化

2009年上海市建成高速公路的通车里程达到767.5 km,交通设施规模不断扩大的同时呈现网络化运行,相应的上海市日均出行总量从2000年的3 300万人次增长至2010年的5 200万人次。其中机动化出行总量增长明显,上海市2009年日均机动车出行总量884万车次,其中汽车出行量806万车次,比2004年增长37%。虽然从1994年起上海就使用机动车牌照拍卖政策来控制私人小汽车数量的增长,但2011年底上海机动车保有量已逾250万辆。

但是,从另一个侧面来说,上海从1994年起就通过机动车牌照拍卖制度控制小汽车的增长,因此机动车增长速度长期维持在一个较低的水平。相比于同等人口规模的北京,上海机动车保有量的增长控制还是比较成功的。以2007年的同期数据相比较,上海市每千人民用汽车拥有率仅相当于北京市的38%左右[5]。北京市轿车以日均1 000余辆的速度增长多年,而上海市只有200辆左右[6];2007年北京市私人轿车拥有率为90辆/千人,是上海的两倍多[5]。上海市历年全市交通情况汇总见表1-3所列。

表1-3 上海市历年全市交通情况汇总①

年份 类型	总人口/万人	出行总量/万人次/d	机动车保有量/万辆	道路总长/km	轨道交通线网长度/km	公共汽电车线路条数/条	脚踏自行车注册量/万辆	电动自行车注册量/万辆
1986	1 300	2 217	23	4 700	0	390	—	—
1995	1 546	2 830	42	5 420	19	940	532.5	—
2004	1 828	4 100	202	11 825	121	948	937.5	83.6
2007	2 019	4 600	227	15 458	251	991	1 062.1	213.4
2009	2 013	4 540	243	16 071	355	1 108	1 066.5	248.5

(数据来源:陆锡明.亚洲城市交通模式.上海:同济大学出版社,2009。)

① 上海市城乡建设和交通委员会,上海市城市综合交通规划研究所,上海市第四次综合交通调查办公室.上海市第四次综合交通调查总报告.2010-11.

1.3.3　上海城市碳排放构成

上海市 2012 年的统计数据显示,在全市 2.1 亿 t 碳排放总量中,交通部门碳排放总量已达到 5 145 万 t,占总碳排放量的 24.37％。交通部门的碳排放从 1995 年的 839.7 万 t,增加到了 2012 年的 5 145 万 t,占期间上海市总碳排放量增长量的 42.47％。其中,交通部门的人均碳排放从 2000 年的 1.01 t/人,增加到 2007 年的 2.51 t/人,净增加 1.5 t/人,对于人均排放总量 2.4 t/人的增长(从 2000 年的 8.15 t/人,增加到 2007 年的 10.54 t/人)的贡献度超过 60％。可见,上海市交通部门随着城市经济的快速发展,面临着比其他部门更大的减排压力。虽然随着政府部门的重视并采取了一定的措施,2007—2012 年上海交通部门的人均碳排放逐步回落至 2.16 t/人,但减排压力仍非常大。表 1-4 为 2000—2012 年上海市人均碳排放增长情况。

表 1-4　　　　　　　　　　上海市人均碳排放增长(2000—2012)

年份 项目	2000 年	2005	2007	2011	2012
总碳排放/10^4t	13 369.5	17 833.7	20 140.3	20 798.6	21 110.4
人口/万人	1 640.8	1 821.4	1 909.9	2 347	2 380
人均碳排放/t	8.15	9.79	10.54	8.86	8.87
交通部门人均碳排放/t	1.01	1.99	2.51	2.18	2.16

(资料来源:上海工业交通能源统计年鉴 2002—2008,上海能源统计年鉴 2013。)

从上海市各部门碳排放的增速情况来看(表 1-5),交通运输部门以及电力生产部门产生的碳排放增长速度最快。尤其是交通运输部门,面临着快速增长的过程(图 1-15)。

表 1-5　　　　　　　　　上海市各部门碳排放增长(1995—2012)　　　　　　　　单位:万 t

年份 项目	1995	2000	2011	2012
热电厂	4 133.9	5 401.9	7 324	7 717
工业与建筑业	5 312.9	5 467.3	7 159.9	6 991.6
交通运输	839.7	1 660.2	5 117.5	5 145
商业与服务业	122.5	257.5	707	731
居民生活	525.8	485.3	425.2	456.8
农业	39.4	97.3	65	69
排放总量	10 974.2	13 369.5	20 798.6	21 110.4

(资料来源:上海工业交通能源统计年鉴 2002—2008,上海能源统计年鉴 2013。)

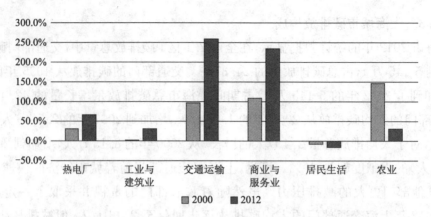

图 1-15　与 1995 年相比上海市各部门碳排放增速情况

城市客运交通碳排放亦呈现快速增长的态势,2012 年城市客运交通碳排放总量约 1 495 万 t 二氧化碳,较 2005 年增长 88%(图 1-16)。公共交通行业碳排放总量总体稳定。2012 年公共交通行业碳排放总量达到 395 万吨,较 2005 年增长 19%。公交汽(电)车、出

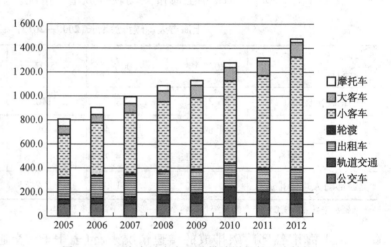

图 1-16　上海市城市交通碳排放增长与组成结构

租车碳排放总量自 2010 年达到峰值后,开始逐年下降。轨道交通自受交通电力折算系数改变影响,2011 年碳排放总量显著下降,但 2011 年后又有所增长。社会交通能耗特别是小客车能耗的快速增长,使城市客运交通能耗快速增长(表 1-6),2012 年社会客车交通产生的碳排放达 1 080 万 t,较 2005 年增长 1.2 倍。

表 1-6　　　　　　　　　　　　　城市客运交通碳排放量　　　　　　　　　　　单位:万 t

年份	公交车	轨道交通	出租车	轮渡	小客车	大客车	摩托车	合计
2005	105.2	34.8	174.0	7.9	358.6	66.0	57.2	803.7
2006	106.9	44.2	182.8	7.9	433.4	70.4	55.0	900.6
2007	108.7	52.8	181.5	8.8	506.0	79.2	55.0	992.0
2008	110.0	72.4	189.2	8.8	572.0	88.0	46.2	1 086.6
2009	110.4	83.6	188.3	9.9	594.0	101.2	44.0	1 131.4
2010	115.7	130.7	194.3	4.4	682.0	112.2	37.4	1 276.7
2011	109.8	98.6	189.9	3.5	767.8	121.0	26.4	1 317.0
2012	105.2	98.8	188.3	2.9	928.4	123.0	26.4	1 473.2

目前,上海市交通运输部门碳排放已经占总排放量的 24%,随着城市机动化的进一步发展,城市规模不断扩大,还将面临进一步增长的压力。因此,实现城市交通运输部门的低碳化建设与发展,对于整体上海市低碳城市的建设至关重要。尤其是由于快速城市化与机动化带来的私人机动化出行的发展趋势,势必增加能源消耗与污染排放,如前文所述,这样的趋势一旦成型,要再加以控制或者改变将是非常困难的。

交通与土地使用的关系应该从多空间尺度的整合进行研究,将街区尺度化小增加步行和非机动车路网的密度有利于居民步行,但如果就业岗位太远,又没有合适的公共交通系统,人们还必须依赖小汽车。

将就业、居住和生活服务设施就近布置有利于人们的短距离出行,但在这一范围内是否有合适的就业和有竞争力的服务又是需要考虑的,就业岗位的类型与服务质量和种类的不适应性也会导致人们长距离出行。

将多个城市功能组团通过高品质的公共交通连接起来,就可以保证人们在不得不长距离出行的情况下,可以选择公共交通的方式,而避免过于依赖小汽车导致城市交通二氧化碳排放的无序增加。

所以,如何建立一个低碳的城市空间结构,鼓励绿色交通对我们有效抑制小汽车的过度使用及城市空间的过度及无序扩张非常重要。Todd Litman 在对已有研究进行深入总结后将土地使用对交通的影响归纳为如下的几个方面:

(1) 区域可达性(或区位),也就是到城市中心的距离,这里的城市中心主要是指城市的就业中心,研究表明住在城市中心地区人们对汽车的依赖性更小与住在城市外围相比开车的比例可以减少 10%～40%。如在美国纽约的曼哈顿地区,工作和居住都在这个区域的居民上班采用小汽车的比例仅为 5%,到其他地区上班采用小汽车的比例也仅为 16%。而在斯塔恩岛(Staten Island)上居住的居民,75% 采用开车的方式在岛内上班。

(2) 密度,这里的密度是指每平方公里的居住人口或就业岗位数。同样的建筑容积率,如果每户的居住面积减少就可以增加人口密度,就劳动生产力的提高来看,就业密度的提高有利于经济竞争力的提高。在美国的研究表明将仅就密度而言,每提高 10% 的密度,就可以减少 0.5%～1% 的交通负荷(车公里),如果结合区位因数,交通负荷可以减少 1%～4%。欧洲国家城市人口密度是美国的 2 倍[①],公交和非机动化出行的平均比例为 50.9%,而美国仅为 16.6%。欧洲发达国家城市公交和非机动化交通的比例是美国的 3 倍。

当然除了密度外,城市交通的政策导向也有很大的作用。根据国际公共交通协会的统计,世界不同地区城市的密度和能源消耗如表 1-7 所示,城市的平均密度对交通的

---

① UITP Millennium Cities Database for Sustainable Transport

能耗有很大的影响,也会影响到城市交通的二氧化碳排放。以日本的前桥和高知市为例(图1-17),两个城市的总面积与总人口相近,但高知市的建设更加密集,高知市交通出行人均二氧化碳的排放量仅为前桥的70%左右[7]。

表1-7　　　　　　　　　　世界不同地区城市密度,交通方式与能源消耗

地区	密度/(人·hm^{-2})	出行者选择步行、自行车和公交车的比例	交通能源消耗/(MJ·人$^{-1}$)
北美	18.5	14%	51 500
大洋洲	15	21%	30 500
西欧	55	50%	16 500
中东欧	71	72%	8 000
亚洲富裕城市	134	62%	11 000
亚洲其他城市	190	68%	6 000
中东	77	27%	15 500
非洲	102	67%	6 500
拉丁美洲	90	64%	11 500

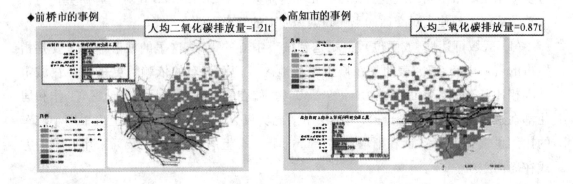

图1-17　日本前桥与高知的比较

(3) 土地使用混合,规划应该尽可能避免功能单一的布局模式,鼓励就业、商业和居住的混合,土地使用的混合可以减少5%～15%的小汽车出行。在美国华盛顿地区的阿林顿TOD走廊,土地混合使用可以获得更高的容积率奖励,虽然在先前普遍采用高度控制政策,但在站点地区的容积率开发可以高达10.0。在这个发展走廊上40%～60%的日常出行不依赖于小汽车。

(4) 集中度,也就是就业在城市中心地区聚集的程度,我们可以用在城市中心的就业岗位数与全部就业岗位数的比来衡量,高度聚集的就业岗位往往也伴随着较高的公共交通出行比例。在岗位分散的情况下,人们采用公交的比例在5%～15%。岗位高度聚集的情况下,人们采用公共交通的比例可以达到30%～60%或更高。

本书后面几章作者将结合上海的城市发展,规划实践,通过国际经验的比较及我们的专项调查,从上海都市区层面,城区空间结构层面和居住区层面进行研究和总结。

1.4 参考文献

[1] 陈蔚镇,卢源.低碳城市发展的框架、路径与愿景——以上海为例[M].北京:科学出版社,2010.

[2] 潘海啸,汤諹,吴锦瑜,等.中国"低碳城市"的空间规划策略[J].城市规划学刊,2008,6:57-64.

[3] 潘海啸.上第城市交通政策的顶层设计思考[J].城市规划学刊,2012,1:102-107.

[4] 姚胜永,潘海啸.低能耗城市空间结构和交通模式研究[M].石家庄:河北科学技术出版社,2011.

[5] 朱松丽.北京、上海城市交通能耗和温室气体排放比较[J].城市交通,2010,5:58-63.

[6] 仇保兴.中国城市交通模式的正确选择[J].城市交通,2008,6(2):6-11.

[7] 日本国土交通省.低碳城市建设指导方针[R].2011.

第 2 章
区域层面的低碳空间结构

在都市区空间结构发展的过程中,交通和空间结构相互的作用贯穿始终,一般认为,交通的建设会影响整体或特定地点的可达性,可达性的变化将导致土地使用功能、强度的改变,从而使土地使用在空间上重新分布、调整,而土地使用的变化将强烈地影响人们活动特点的变化,其中很重要的是交通出行模式的变化。在都市区空间结构演变的过程中交通系统起着十分重要的作用。

2.1 上海市区域空间发展特征

进入 21 世纪以来,上海面临着资源、环境、人口等各方面的挑战。同时,上海正处于工业化后期向后工业化时代转型的关键时期,面临着自身经济结构调整转型和国内外经济激烈竞争的双重考验。如何集约利用土地资源,加快经济发展方式转变,提升城市国际竞争力,建设"资源节约型"、"环境友好型"城市,加快实现上海建设"四个中心"的战略目标和总体定位,是上海近十年发展中需要积极探索、实践和努力的方向。

2.1.1 区域空间的拓展

20 世纪 90 年代前,上海都市区的空间增长主要集中在浦西;90 年代初期浦东开发开放之后,浦东的都市区扩张规模超过了浦西。1997—2006 年,上海都市建成区空间形态变化呈现出明显的沿黄浦江略带椭圆状的圈层扩展态势。2006—2009 年,上海城市形态主要呈现出近中心城域拓展的基本态势,现状中城市建设区范围进一步向外围扩张,特别是向西郊。

1999 年《上海市城市总体规划》中明确上海市的中心城(都市区)的范围为城市外环线以内的地区,约 660 km²。但从 2009 年土地使用与建设发展情况来看已经突破了这个地理空间的限定,并以西郊地区为甚。总体上,中心城及其周边地区是新增建设用地的主要分布区域,通过插花式的用地扩张,推动中心城进一步与其周边地区连绵成片。

城市建设用地的面积也在快速增长,已由 2000 年的约 1 300 km² 增长到 2009 年底的 2 220 km²。如前所述,交通基础设施建设对都市区空间结构的形成有十分重要的作用。

2.1.2 区域交通基础设施

近年来,上海重点围绕世博交通、郊区新城建设、中心城区功能更新等方面,投入了大量的人力、物力和财力,综合交通设施量大幅增长。从图 2-1 可以看出,近年来上海在交通基础设施方面投入巨大,特别是筹备世博会期间,交通基础设施投资增长迅速。在这样的背景下,城市机动化交通服务水平稳步提升,轨道交通在提升上海公共交通服务水平方面起到十分明显的作用。

经过多年的经济持续快速发展,全市已投入运营的轨道交通里程从 2001 年的 65 km 上升到 2013 年的 462 km;运营线路也从 2001 年的 3 条扩展到 2013 年的 12 条,轨道线网形成"一环七射八换乘"的基本形态,中心城及近郊区已形成编织紧密、密度适中的线网,并通过枢纽联系城市主要活动中心,轨道交通的带动使得传统城市空间的时空制约因素逐渐弱化,轨道交通沿线呈现出大规模集中建设态势,区域联系日益紧密(图 2-2)。在道路建设方面,每万人拥有的道路长度,由 1990 年的 2.08 km/万人,增长到 2010 年的 11.82 km/万人;2011 年全市建成高速公路的通车里程达到 806 km(图 2-3)。

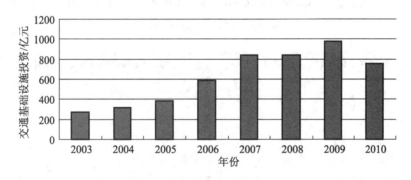

图 2-1   近年来交通基础设施投资情况

(数据来源:上海统计年鉴)

大规模高等级公路建设一方面方便了区域的经济联系,另一方面也导致了区域空间发展呈现一种局部高密度的蔓延态势,特别是一些以高等级道路先导的地区,随着人们收入水平的提高,人们交通出行造成的二氧化碳的排放量明显较高。由于轨道交通 1 号线的建设,上海莘庄地区导入大量人口,得到迅速的发展,金桥地区为了配套开发区的建设,也配套建设了大量的住宅区。比较莘庄和金桥地区交通出行二氧化碳的排放,我们可以发现,在收入比较低的情况下,人们对交通方式或小汽车的选择受到一定的限制,所以人们交通出行的二氧化碳排放相差无几。但随着收入水平的提高,在轨道交通服务比较差的金桥地区,人们交通出行二氧化碳的排放要明显高于莘庄这一轨道交通服务的先导地区(图 2-4)。

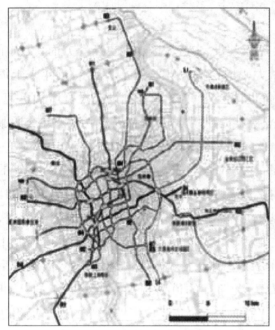
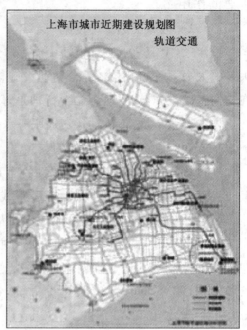

图 2-2 上海市轨道交通系统近期建设规划图（2003 年、2008 年）

（图片来源：上海城市规划设计研究院）

图 2-3 2006 年上海市干线公路网规划修编（左）及 2009 年上海市骨干道路深化规划（右）

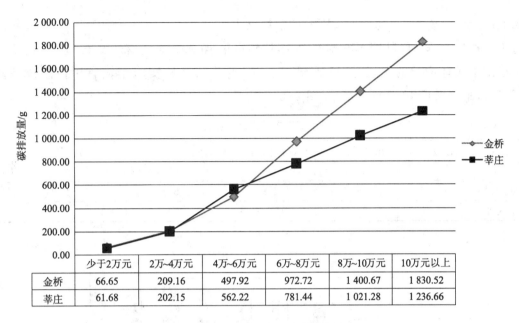

	少于2万元	2万~4万元	4万~6万元	6万~8万元	8万~10万元	10万元以上
金桥	66.65	209.16	497.92	972.72	1 400.67	1 830.52
莘庄	61.68	202.15	562.22	781.44	1 021.28	1 236.66

图 2-4　不同收入人群碳排放量

这两个地区距离城市中心的距离较远,也必然有相当一部分人的出行距离较长,比较这两个地区 8 km 以上居民就业出行的交通方式选择我们可以发现,公共交通依然都是非常主要的交通方式,在莘庄采用公共交通的比例高达 77.5%,在金桥这一比例也高达 65%。但在8 km 以上的通勤交通中,金桥地区采用小汽车出行的比例要远远高于莘庄地区,金桥是莘庄的 1.69 倍(图 2-5)。正是由于对小汽车的依赖性高,该地区交通出行的二氧化碳排放比例也较高。

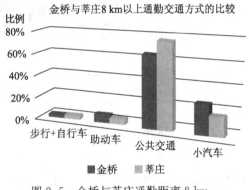

图 2-5　金桥与莘庄通勤距离 8 km 以上交通方式的比较

2.1.3　机动化的发展

上海市日均出行总量从 2000 年的 3 300 万人次增长至 2010 年的 5 200 万人次。2011 年底上海机动车保有量已逾 250 万辆。

因此,应对常住人口规模 2 300 万人的 5 200 万人次的高强度交通出行需求,在市域有限的地域面积上,要服务支撑城市空间拓展、服务城市正常运行,减少由此产生的二氧化碳的排放,城市空间必然要选择以公共交通和步行、自行车交通为主体的交通模式。上海的车牌拍卖和公共交通建设先导的政策在一定程度上延缓了机动化的快速发展,也为城市低碳绿色交通的发展提供了一个时间窗口,但随着机动车保有量的增加,外地牌照的普遍使用和沪 C 牌照问题,这一政策的有效性已经受到挑战。根据上海市第五次交通调查[1]，上海外省市牌照的数量已占小汽车实际保有量的1/3左右，每年的行驶里程与上海市区牌照车辆相差无几，达到每年15 900 km左右（表2-1）。上海实际年小汽车保有增长的量已达35万辆左右，接近北京开始实施车辆有用控制政策前（2011），每年增长40万辆的水平（图2-6）。

表2-1 上海汽车牌照使用特征

区域	中心城内部	市通郊出行	郊区内部出行	年行驶里程/万 km	二氧化碳排放/(t·年$^{-1}$)
外牌	50%	24%	26%	1.59	3.1
郊区牌	3%	15%	82%	1.50	2.9
市区牌	63%	21%	16%	1.59	3.1

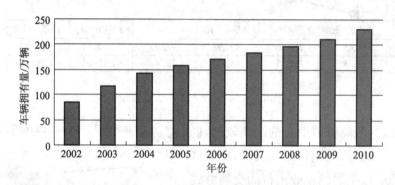

图2-6 近年来个人民用车辆拥有量增长趋势

（数据来源：上海统计年鉴）

2.1.4 区域空间发展现状特征

中心城"多心"格局基本形成，城市综合服务功能在逐步强化和完善。市域城市形态呈现圈层扩展和一定程度轴线延伸的基本特征，集中城市建成区以中心城近域蔓延为主。从区域空间布局来看，上海已经基本形成了以浦西和浦东为两个最大中心的多中心结构（图2-7）。

环绕在上海中心城外环线以外已形成了5～10 km宽的城镇连绵带。随着人口和产业的郊区化，特别是大型居住区在城市近郊区的布局建设，近郊地区已呈现出和中心城区连绵发展的态势。

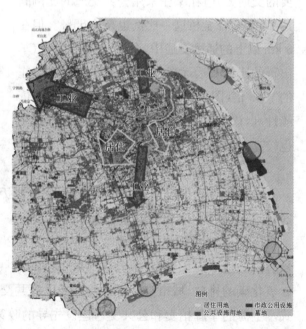

图2-7 上海市域近年来空间拓展方向

（图片来源：上海城市规划设计研究院）

在南北方向上,上海中心城与宝山、闵行地区蔓延发展的态势逐步显化。在东西方向上,中心城外的西郊地区是城市新增建设用地增幅最快的地区。此外,中心城沿沪宁、沪杭轴线延伸,与嘉定、松江也呈现用地连绵的态势。

"多心、多核"的网络型空间形态是上海城市发展长期秉持的理念。需要注意的是,多中心建设必须注重交通与土地利用的协调发展,注重新中心地区的公共交通配套。多中心的建设并不必然带来出行量的减少,在相关的城市功能和公共交通配套不够完善的情况下,反而会刺激小汽车出行量的增长。例如,2004—2009 年,黄浦江越江设施建设和浦东开发刺激了越江需求的增长(图 2-8),中心城区越江日均出行量从 180 万人次增长到 200 万人次,增长 11%。

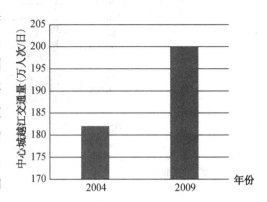

图 2-8　黄浦江越江交通出行量的增长

（数据来源:上海市城市综合交通规划研究所,2010）

全市区域间交通增长迅速,尤其是进出中心城区交通量大幅增加,但通过图 2-9 和图2-10可以看出,公共交通在中心城区所占比例较大,但在郊区新城出行所占比例较低,这里如果缺乏合理的措施,小汽车的出行量会明显增加,这就不可避免会增加二氧化碳的排放量。如果未来城市建设的重点在广大郊区,如何控制郊区交通出行的二氧化碳排放就是我们需要认真对待的问题。

下面我们通过一些案例来分析影响区域空间结构变化对交通出行二氧化碳排放的可能影响进行分析。

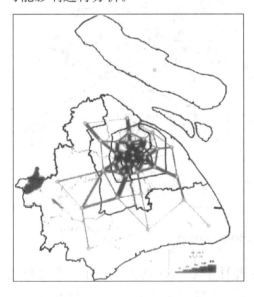
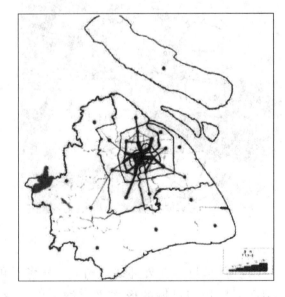

图 2-9　2009 年上海市全市人员出行和公交方式出行大区分布

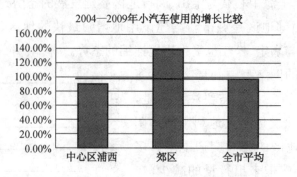

图 2-10　中心城、郊区与全市小汽车使用增长的比较

2.2　新城

2.2.1　上海大都市区的新城建设

上海新城经历了 3 个阶段的发展,建设已经取得了一定的成效。松江新城城市建设基本完成,城市形态基本形成;临港和嘉定新城根据规划基本框架正在形成,其他设施和组团正在推进之中;其他新城则均处于起步阶段。郊区新城的建设最终会与中心城区共同形成大都市区,成为联系中心城区,服务周边郊区城镇的中心(图 2-11)。

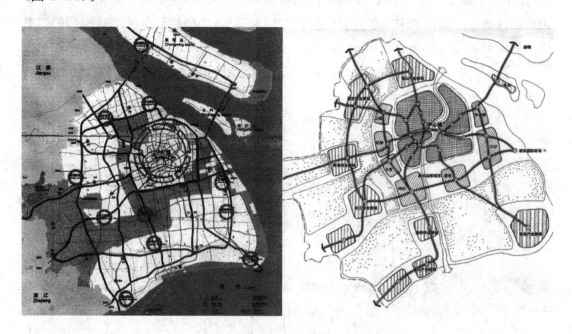

图 2-11　上海大都市区空间结构规划

世博会以后,在外环线之外,上海将不再进行中心城区的外扩,而是通过打造郊区新城,以卫星城的形式来容纳上海未来的产业发展和人口导入。全市将建立

包括嘉定、松江、临港在内的7个新城,到2020年,形成能够与中心城区互补的新城群。

新城建设的初衷是推动上海整体空间结构的合理化,促进上海大都市区的可持续发展。最初的构想是通过新城建设,提升周边地区对于人口的吸引力,避免中心城区人口的无序蔓延,改善城市交通拥挤的状况,同时整体上改善上海大都市区的空间品质。同时也希望人们能更多地采用非机动车等绿色交通工具出行。在大都市区空间结构规划,特别是新城建设中改善避免交通拥挤,方便交通联系是规划的一项重要内容,但低碳交通的问题并没有给予足够的重视,这些地区的小汽车使用反而更高,如在嘉定新城面积126.5 km²,总人口47.5万,就业岗位33万个,职住平衡率为105%,个体机动化出行所占的比例达30%。南桥新城总人口21万,就业岗位13.3万,职住平衡率为92.7%,个体机动化出行的也高达26%。上海城市中心地区的人口控制也许可以缓和中心城区的交通拥挤,但郊区个体机动化交通的普遍采用,及缺乏精心设计的非机动化交通环境将难以保证低碳城市目标的实现。

2.2.2 新城建设的低碳目标

以松江新城为例,其2011版总体规划修编的定位为:松江新城是长三角地区重要的结点城市之一,是上海西南部重要的门户枢纽,是体现上海郊区综合实力与水平、具有上海历史文化底蕴和自然山水特色的现代化宜居新城。可以看出在上海新城的规划建设中,对外更重视其作为区域节点的作用,内部在规划上也提出重视生态环境的保护、用地功能的融合、交通与土地的衔接等方面的工作。

为了促进其他新城的发展,上海市域轨道交通网络进一步延伸,以服务部分新城。2009年,伴随着11号线和8号线南段的通车,上海市轨道交通共有5条线服务郊区新城——11号线通往嘉定,1、3号线通往宝山,9号线通往松江,5号线通往闵行。进过多年的努力,松江新城于2006年9月基本建成,轨道交通9号线于2007年开通,目前新城已形成内部公交线路12条、以各镇为起(终)点的镇域公交线路9条、与上海市区及周边区县之间的公交线路23条,以及过境公交线路40条的综合线网布局(图2-12)。

2.2.3 低碳发展视角下的新城空间结构与交通

国外新城小汽车使用比例较高主要是由于中产阶级择居郊区化所引起的。这个问题在上海新城的发展和建设过程中也同样存在。新城都普遍面临着小汽车使用比例过高的问题(松江新城26%的通勤出行使用个体机动交通,中心城区仅为20%),在南桥新城与区域外交通出行中,个体交通出行比例达到了35%,远高于全市范围的个体机动交通出行比例。随着人口规模的增加,这部分人口对全市二氧化碳排放的贡献将是不可忽视的。而具体产生原因有以下几个方面

图 2-12　上海市域轨道交通网络与新城规划

1. 以路网为导向的新城发展，缺乏公交先导的策略

公交使用比例低。根据上海市第四次综合交通调查的结果可知，郊区公共交通的使用情况远不如中心城区（郊区 10.2%，全市 25.2%，中心区 39.5%），特别是轨道交通的使用远低于市中心（1.4%）。在此次对于松江新城的调查中可以看出，通勤中公共交通的使用比例为 28%，远低于中心城区的 42%。其主要原因一方面来自郊区公交配给的长期不足，另一方面来自公交建设的相对滞后。

松江新城内部公共交通主要依赖传统的常规公共汽车，运营时间短、发车频率低，同时线网密度较低、可达性差。调查中 55% 的居民表示使用公共交通候车时间较长，26% 表示需多次换乘不太方便。图 2-13 为松江与苏黎世公交网络的比较。

2. 公交网络与新城空间结构不匹配

根据国际大都市的郊区新城的建设经验，新城发展基本上是基于综合交通体系的城市用地布局，在新城中心有一个以轨道交通为主的综合交通枢纽，新城的土地利用以该综合交通枢纽为中心，呈圈层走廊式的用地布局规划，综合交通枢纽周边是以商务、

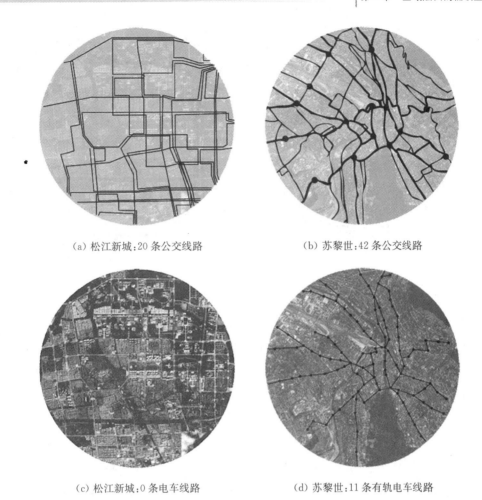

(a) 松江新城:20 条公交线路　　　　　　　(b) 苏黎世:42 条公交线路

(c) 松江新城:0 条电车线路　　　　　　　(d) 苏黎世:11 条有轨电车线路

图 2-13　松江与苏黎世公交网络的比较

商业等高容积土地利用为主。松江新城空间规划仍然主要是传统的基于道路网格的土地利用规划。轨道交通站点周边以绿化用地、道路市政用地为主。站点与新城公共活动中心的距离过远(2 km 以上),难以发挥其对于周边的带动作用。另外仅有约 6.5%的人前往中心城区工作,80%以上的通勤出行集中在新城内部,特别是新老城区之间。目前,以轨道交通为核心的公共交通网络与居民的通勤流向并不完全匹配(图 2-14)。

3. 缺乏对个体机动化快速增长的有效控制

在新城建设中,居住区停车位的配置较为充足。在这样较高的停车配建水平下,新城区仍然出现了停车困难的问题,可见私人机动化需求的快速增长。

新城居民小汽车拥有率高于全市水平(每三户拥有一辆小汽车),并有 15%居民表示 3 年内有购车计划。50%的居民表示,经济条件允许就会买车。面对这样高的需求,新城却缺少相应的控制措施,居住区相对较低的停车收费标准,就业点的免费停车,低成本的沪 C 牌照及使用成本。伴随着新城规模的扩大,入住率的日益提高,以及对外联系需求的不断增长,小汽车出行若不加以控制,必将造成较大的交通问题和社会成本。

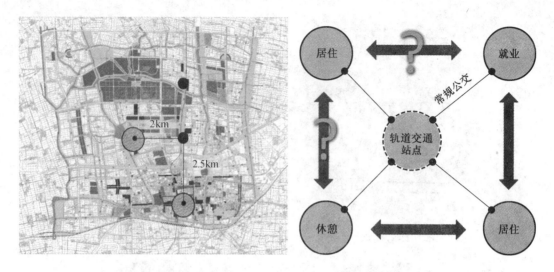

图2-14　轨道交通站点与公共活动中心距离及公交网与活动匹配分析

低密度,大路网的建设格局。城市一些新城的道路网规划与建设仍然体现了以机动车出行为主导的思想,因此路网更多强调低密度、大间隔的宽大马路,此举一方面"鼓励"了小汽车的出行,造成能源消耗、环境污染、道路拥堵,另一方面也不利于人们采取步行、自行车的交通方式出行。

2.3　就业与居住空间分离

2.3.1　城市无序扩展与小汽车依赖性

城市空间的拓展带来了城市居民就业与居住空间关系的重组,就业和居住空间逐步郊区化、分散化。大量研究表明,就业与居住的郊区化与分散化,以及机动化交通工具的使用、高速路网的延伸等其他因素,居民的出行模式发生了深刻的变化[2-5]。在欧美城市,郊区到郊区的出行比例、市区到郊区的出行比例正在上升,而郊区到市区的出行比例却在下降。这一现象还伴随了汽车使用量的增加以及平均每天的行驶距离的增加。

在我国北京,城市外围地区大型居住区(如回龙观、望京地区)的建设,也带来了严重的小汽车潮汐交通流,加剧了城市交通的拥堵,同时,由于城市轨道交通网络规划与建设的错位,还造成了严重公交拥堵问题。就业与居住的组织与交通出行有密切关系。由于家庭多个就业人口,人们对就业的选择性等原因,要保持职住平衡几乎是一个不可能实现的理想,但分离造成的长距离交通出行与小汽车的广泛使用直接影响了低碳城市的构建。

2.3.2　上海职住空间总体分布状况

从上海市就业人口与居住人口的空间分布的变化来看,黄浦、静安等中心区,就业和居住人口都在减少,而长宁、普陀、闸北和杨浦的居住人口增加,但就业岗位在减少;

近郊的宝山、嘉定、浦东,远郊区的松江、青浦,作为中心城区疏散的主要目的地,居住和就业人口都有显著增加。由此可见,上海已经出现就业与居住郊区化的趋势(图 2-15)。

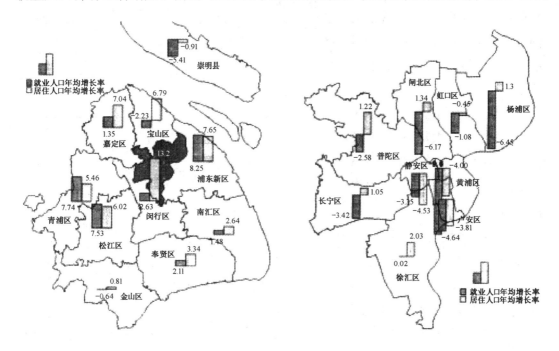

图 2-15　上海市各区县就业与居住人口年均增长率

注:就业人口时段为 1996—2004 年,居住人口时段为 1996—2005 年,1996 年居住人口为户籍口径,2005 年居住人口为常住口径。就业人口数据采用法人单位从业人数。
(资料来源:孙斌栋,潘鑫等(2008)。)

综上所述,上海市就业与居住空间分布已经有了郊区化的趋势,但是,出行距离还没有明显的增加,区域内部的出行还占了绝对比例,出行距离的增长也不明显,但是上海郊区小汽车的出行距离已经有了明显的增长。

另外,职住平衡也并不能带来对小汽车依赖的降低,如职住平衡高达 92% 的地区,小汽车出行的比例依然高达 30.3%,远远高于全市 20% 的比例,而职住平衡率为 73% 的原卢湾区,其小汽车出行率仅为 15.5%。从第四次上海交通调查的数据分布来看,以各区县作为一个统计单元,小汽车出行的比例反而随着职住平衡率的提高而增加(图2-16)。

从距城市中心的距离来看,随着距城市中心距离的增加,小汽车使用的比例上升,在距城市 40～50 km附近小汽车使用的比例最高,而这恰恰是我们许多新城建设的区位(图 2-17)。

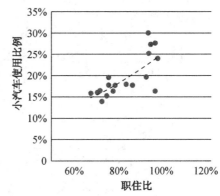

图 2-16　职住比与小汽车使用比例

控制居民的通勤距离尤其是小汽车出行距离是减少交通能耗和碳排放的重要措施,随着上海市已有大量开发区、高科技园区等向郊区转移,上海市多中心城市规划结构正在逐步实现,尤其是办公、服务、科研等行业在城市外围或边缘地区大规模增长,通勤交通的距离和小汽车的使用有可能会随之改变。当前,对上海

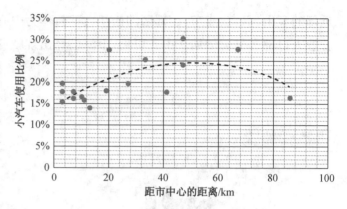

图 2-17　小汽车使用与距市中心的距离

市已经形成的郊区就业中心的就业人员出行进行深入研究就很有必要了。

2.3.3　主城区与工业区的分离

产业布局方面,松江产业遵循"三个集中"的思想(工业向园区集中、人口向城镇集中、土地向规模经营集中),产业与主城分布形成"一城两翼"的空间布局。在这样的空间布局下,就业和居住在空间上被分隔开,均难以实现就业和居住的平衡。

根据调查的结果,松江主城区中约有 10% 的通勤出行是前往工业区的。而这些出行中,41% 使用非机动交通(29% 为助动车),22% 使用小汽车出行,17% 使用普通公交,社会班车只占 0.5%,平均出行距离 7.8 km,整体通勤距离偏长。

可以预见的是,随着未来产业园的扩充和转型,将有更多的工业区就业者选择居住在主城区,如果公共交通的服务水平没有改变,居住与就业的分离将会导致更多的小汽车出行(图 2-18)。

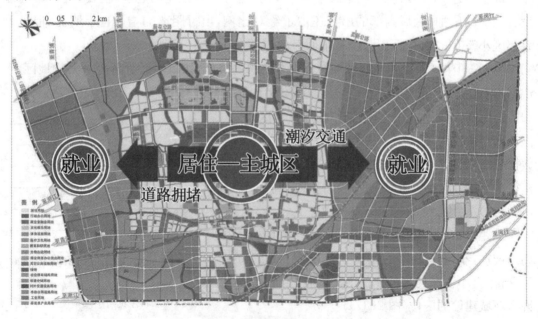

图 2-18　主城区与工业区居住—就业分析

这种情况在上海的金桥出口加工区功能转型中表现得也较为突出。

2.4 金桥出口加工区的转型和个体机动化

2.4.1 金桥出口加工区概况

上海市金桥出口加工区是1990年经国务院批准的国家级开发区,1998年4月经科技部正式批准为"上海金桥现代科技园",园区已形成集工业制造、贸易经营、商业服务、生活居住为一体的综合功能区,随着经济发展转型,金桥已经率先集聚了一定规模的生产性服务业,园区内将形成几个集总部管理、研发中心、技术中心为一体的功能办公园区(图2-19)。

图 2-19　金桥出口加工区(北区)已批规划用地与办公园区分布

从金桥开发区近期发展产业导向来看,先进制造业与生产性服务业都是金桥开发区大力发展的两大类产业,尤其是生产性服务业发展迅速。包括研发、软件服务外包、现代物流、工业设备维护与工业循环利用产业。

从金桥开发区的产业结构和就业人员的从业结构来看,出口加工区第二产业总产值的比重与二产从业人数的比例在逐年减少,而第三产业总产值的比重与三产从业人数的比例正在逐年增加,可见金桥开发区在经济发展的构成上,内部正在开始呈现出工业向服务业转型趋势,这种转型会带来从业人员和他们交通出行的转变,如何能够使这种转变向更绿色的方向发展值得深入研究(图2-20)。

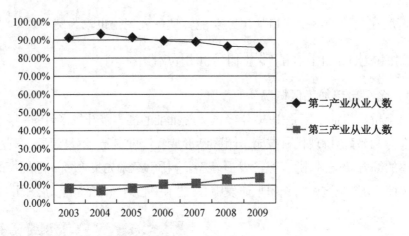

图 2-20　金桥出口加工区就业人员结构变化(2003—2009)

(资料来源:根据金桥出口加工区经济发展年报整理)

2.4.2　金桥职工居住空间分布

随着快速的开发和建设,浦东已经形成了一个功能比较完善与浦西可以抗衡城区。从这点来看上海一个典型的双中心的城市。浦东大量的住宅建设能否让就业者居住在浦东,减少个体机动化的出行比例总量和距离,从而减少由此带来的二氧化碳排放的问题,实现低碳城市建设的目标。

根据对金桥开发区不同类型职工的居住地点进行调查分析发现,不同类型的就业人员的居住空间分布有显著差异性,从图 2-21 可见。

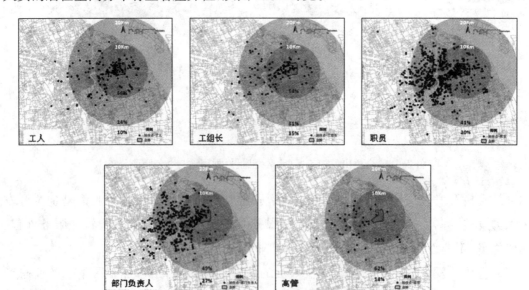

图 2-21　金桥开发区不同类型职工居住地点分布

(1) 普通职工的居住地点与就业地点的距离明显比管理人员更近,一半以上的普通工人居住在距离就业地点 10 km 以内的范围内。

（2）管理人员的通勤距离更远，大量的人员居住在 10 km 以外的地区。

通过洛伦茨曲线与基尼系数的方法对基层职工与管理人员的居住地点集聚度进行比较，普通基层职工的居住集聚度明显高于管理人员，他们更倾向于在金桥开发区附近居住，而管理人员和专业技术人员的居住地点分布更离散，且距离就业地点更远（图 2-22）。

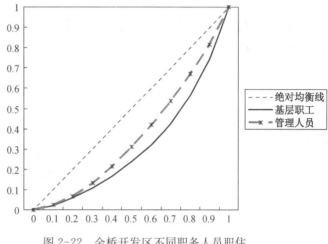

图 2-22　金桥开发区不同职务人员职住
距离洛伦茨曲线分布

按金桥开发区的用地规划，园区的西侧为高档住宅区碧云社区，主要以别墅和高层住宅为主，同时配套了商业服务与私立学校，旨在为金桥高层管理人员提供居住（图 2-23）。然而根据调查，管理人员在此地居住的并不多。可见，通勤距离对高收入者居住地选择的约束更小，他们居住地选择的影响因素可能更多与居住环境、小孩上学、配偶工作等有关；而普通职工迫于通勤距离和交通服务的限制，居住地的选择受到了更大的约束，开发区提供的居住产品与适用人群并不匹配。

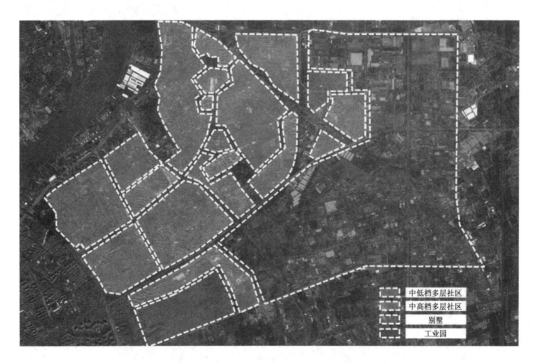

图 2-23　金桥开发区周边住宅类型分布

2.4.3 不同类型居民职住距离与交通出行的关系

对金桥开发区就业人员的通勤方式进行分析发现,基层工人通勤距离短,更倾向于使用非机动交通方式;而管理人员有很高的小汽车拥有率,主要选择小汽车出行,同时伴随着更长的通勤距离;此外,开发区的白领职员是使用企业班车最多的人群(图2-24)。

综上所述,随着就业人员职务与收入的升高,郊区就业人员的通勤距离越长,职住分离的状

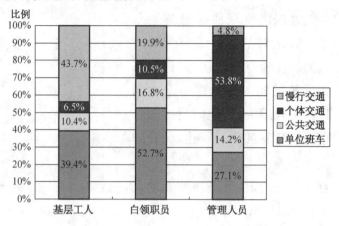

图2-24　不同类型就业人员通勤方式比较

况越显著,小汽车使用率也越高。由此可见,随着经济的发展、产业的转型,类似金桥这样的城市外围开发区将面临更严峻的小汽车长距离通勤的形势。

从开发区规划建设特点来看,开发区内部的道路网密度较低,道路交叉口间距为300~500 m。这种大街区、宽马路的规划建设形式不利于步行、自行车的使用,尤其不能保障家住在附近的低职位劳动者的安全(图2-25)。宽阔的马路,各种货运车辆的穿

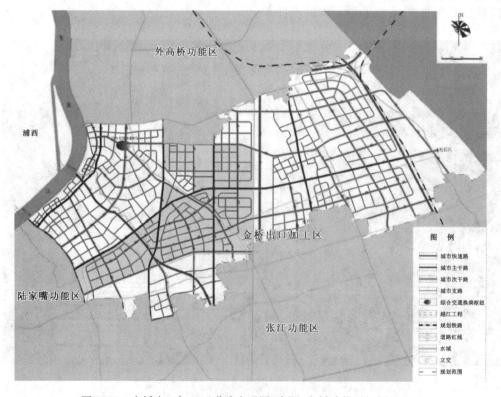

图2-25　金桥出口加工区道路交通图(来源:金桥功能区规划2005)

行及为了保证机动车行驶速度的道路设计往往使得这些地区的交通事故频发(图 2-26),同时为了保证汽车交通的畅通和道路空间拓宽的预留,公交车站的设置远离乘客的聚集点,这种汽车导向的建设形式会进一步提升小汽车的使用,同时增长了职工的购车意愿。这与上海建设低碳城市、可持续发展的目标是相悖的。

图 2-26　金桥开发区金海路—东陆公路路口影像图与现状

就业郊区化引起了高收入者的居住空间的分离与长距离的小汽车出行,而低收入者多就近居住,通勤距离短;随着居民收入的增加与经济的发展,小汽车拥有将越来越容易,对居住地更多的选择需求和小汽车导向的城市建设可能会使得人们更多地选择小汽车出行。

上海市郊区就业中心的成形还在发展期,还有大量的办公人员将到郊区就业,如何建立落实公交先导的策略,促进长距离的出行选择高品质的公共交通,如何引导就业人员缩短职住空间距离,减少不必要的小汽车长距离通勤出行,是上海都市区空间结构调整过程中,急需要解决的问题。

2.5　外围大型居住开发建设的土地使用与交通

2.5.1　背景

大型居住社区是以包括廉租住房、经济适用住房、公共租赁住房、动迁安置房的保障性住房和部分面向中低收入阶层的普通商品房为主,重点依托新城和轨道交通建设,有一定规模、交通方便、配套良好、多类型住宅混合的居住社区。其分配比例控制为保障性住房占总量的 2/3 以上。

为保障民生,上海市委、市政府贯彻党中央部署,提出加快大型居住社区建设,构建市场化和保障性"双住房体系"。继 2009 年推出 8 个大型居住社区后,2010 年再推 23 个大型居住社区。

2009 年初,第一批共 8 个大型居住社区进行了选址。建设用地面积约 29 km²,其中住宅用地约 12 km²,规划住宅建筑面积约 1 936 万 m²。

2009 年下半年,进一步深化确定了 23 个有一定规模的大型居住社区,主要涉及宝山、嘉定等 9 个区县。其布点也从近郊区拓展到远郊区范围,距离市中心越来越远(图 2-27)。

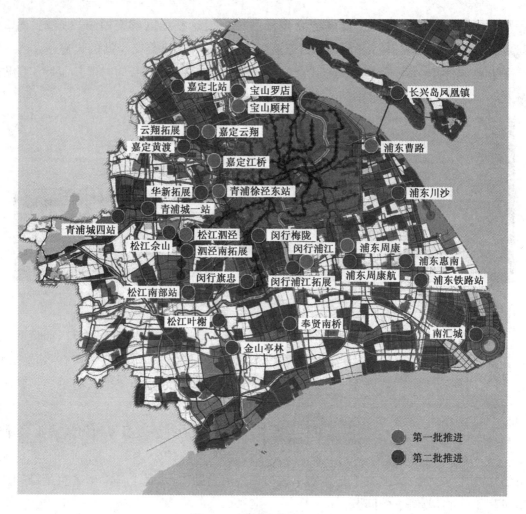

图 2-27　大型居住社区选址

总体而言,31 个大型居住社区选址以在新市镇为主,约占 52%,选址在新城范围内的仅占总数的 35%,与新城联系不够紧密,易形成隔离型居住社区(图 2-28)。由于远郊区与中心城区距离较远,更加需要加强与新城之间的交通联系,以缓解大型居住社区功能单一、公共服务设施缺乏、工作岗位缺乏造成的不便。

2.5.2　大型居住社区的轨道交通配套

31 处大型居住社区选址共涉及 10 条轨道交通线路(图 2-29),按轨道交通站点的服务范围的圈层分布如下:其中在基地内部有轨道站点的占到总数的 13%;大型居住社区边缘距离轨道交通站点 0～200 m 的占到总数的 56%;500～1 000 m 的占到总数的 18%;1 000 m 以上为总数的 13%。可见,就轨道交通规划而言,大部分大型居住区位于轨道交通的有效辐射范围内(图 2-30)。

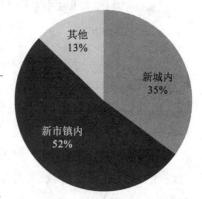

图 2-28　大型居住社区选址分析

图 2-29　大型居住社区选址与轨道交通线路及站点关系图

(来源:《上海市轨道交通基本网络规划》,2003 年)

　　然而,截至 2012 年 3 月,大型居住区处于地铁 2 500 m 覆盖范围的只有松江泗泾、泗泾南拓展基地、闵行旗忠和闵行梅陇。

　　轨道交通建设相对滞后,居民出行问题仍然存在。一方面,许多保障性住房基地建设较早,未全面考虑轨道交通因素,尚未采用 TOD 理念。另一方面,未从建设时序上

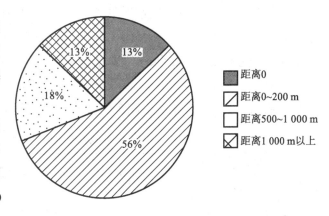

图 2-30　大型居住社区与轨道交通站点的距离比例

距离0

距离0~200 m

距离500~1 000 m

距离1 000 m以上

13%

13%

18%

56%

全面考虑,有些大型居住社区周边轨道交通站点要到 2020 年之后才有望建成运营,过渡期的居民出行仍然难以解决,这就会产生如下的悖论:或者更多居住在大型社区的居民开车出行,或者大型居住社区缺乏足够的吸引力,人们不愿意来此居住。

另外,从一些外围安置基地居民出行与城市中心的联系度来看,在很长时间内这些居民不论是生活或工作出行与城市中心的联系依然非常紧密。

2.5.3 基地居民出行特征

居民出行调查主要选取了浦江镇和江桥镇两个点,对浦江镇和江桥镇二镇各抽取 750 户进行入户上门调查,调查总人数两镇均约为 2 250 人。

按照上海市保障性住房"四位一体"的分类,将此次调查住户的入住原因分为商品房类和保障性类住房两大类,两镇的保障性类住房住户占很大比例(图 2-31)。调查住户月收入 2 000 元以下比例占到 50%,其中以 1 000~2 000 元段比例最高,住户以中低收入为主。大型居住社区既是物质工程,也是社会工程。其中居民尤其是大量保障性住房的住户,面临就业、就学、生活设施、交通出行等即时与过程性问题。调查住户月收入大于 5 000 元的比例为 5.6%,这部分人具有购买小汽车的能力。

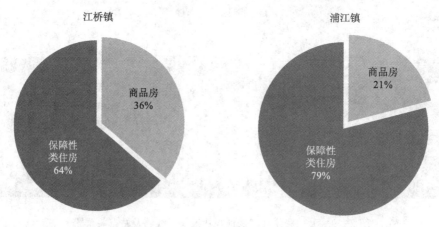

图 2-31　两镇住房结构调查

两镇被调查户拥有车辆情况见表 2-2 所列,户均小汽车拥有率超过 20%,超过上海市平均水平(16.7%)。主要是因为大型居住社区里面居住着一定比例的中高收入者,比如院校毕业生、外省市刚入沪者,他们买不起市中心的住房,但是有能力购买小汽车。而且大型居住社区平均出行距离长,公交服务相对较弱,对小汽车需求高(图 2-32)。若不加以有效引导,容易导致小汽车的高使用率。

表 2-2　　　　　　　　　　　　　　两镇被调查户拥有车辆情况

项目 地方	拥有自行车	拥有电(助)动车	拥有摩托车	拥有家庭小汽车	拥有单位小汽车
江桥镇	43%	58%	11%	23%	2%
浦江镇	45%	40%	10%	22%	2%

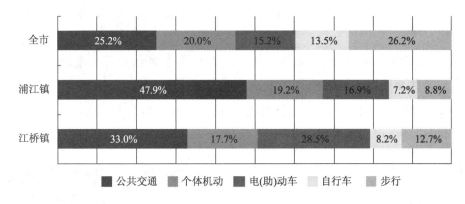

图 2-32　两镇全方式出行结构

由于与城市中心区的紧密联系，与一般出行分布近多远少的规律不同，这里居民出行的空间分布呈现马鞍形的特征，也就是居民出行空间以镇内和区外为主，区内镇外比例较低(图 2-33)。江桥镇和浦江镇均位于中心城区边缘近郊区范围内，与中心城联系较为紧密，而与区内其他镇联系较弱。而区外出行目的地仍以原动拆迁地为主。

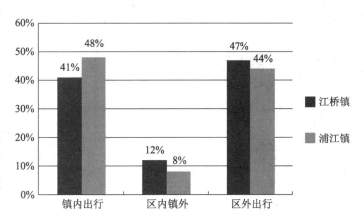

图 2-33　两镇被调查者出行空间分布比重

比较这两个地区的交通出行，我们可以看到，因为有比较方便的轨道交通，所以浦江镇保持了较高的公共交通的比例，但由于远离各类城市功能活动中心，非机动化的比例非常低。由于大型居住社区能够提供的工作岗位少，且与居住人群的工作需求契合度低，通勤出行主要发生在居住地和中心城或新城之间，高频率、长距离通行导致能源的高消耗，远离已有城市功能活动中心的布局，又使非机动化交通变得没有使用的可能性。这种情况下即使公交非常发达，也只能达到东欧式的城市发展模式。

2.6　上海虹桥交通枢纽地区规划

虹桥综合交通枢纽(下简称虹桥枢纽)作为上海"十一五"期间规划建设的重大工程，是一个包括高速铁路、城际铁路、机场、城市轨道交通、磁浮、高速巴士等各种大型交通枢纽在内的巨型综合枢纽。它的建成不仅极大改善上海市对外交通水

平,而且也进一步提高上海市服务长三角、服务长江流域、服务全国的能力(图
2-34、图 2-35)。

规划远期 2020 年虹桥枢纽轨道交通、公交等可持续公共交通集疏运比重至少达
50%以上,公共交通设施规模按其承担 60%比重进行规划控制;出租车、私人小汽车等
小客车集疏运比重不超过 50%,道路规模按小客车承担 50%集疏运比重进行控制,对
应的进出快速路车道需求分别为 10~15 条、15~20 条和 20~25 条。

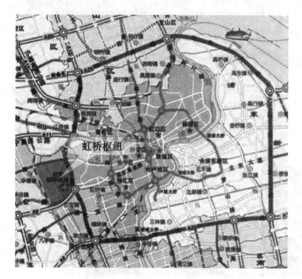

图 2-34　虹桥枢纽地理区位图

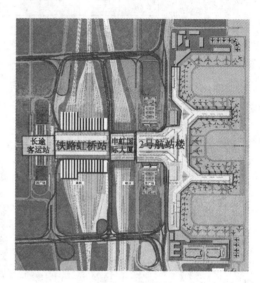

图 2-35　虹桥枢纽布局

虹桥枢纽长三角方向双向需要 4 条快速车道,中心城方向双向需要 8 条快速车
道,上海郊区双向需要 6 条快速车道。规划形成以辅快、北翟路、青虹路、漕宝路"一
纵三横"快速路方案为基础,结合市域高速公路、快速路网络规划,分别构建虹桥枢纽
与长三角、虹桥枢纽与上海市的道路集疏运系统,同步建设的城市轨道交通对疏解交
通枢纽的客运交通起到了非常积极的作用,2012 年虹桥枢纽航空和铁路的到发客运
量分别为 9 万人次和 17 万人次,轨道交通与机场换乘占机场总集散量的 31%,占铁
路总集散量的 45%[6]。但对于正在开发的枢纽地区而言,高品质公共交通的服务能
力有限,先于公交体系发展的大规模高等级道路的建设,与其周边地区土地高强度开
发所带来长距离小汽车出行量增长不容忽视。

2.6.1　科技园区

从有利于产业结构调整的角度出发,科技教育和研发基地的建设备受重视,然而在这
些园区的建设中我们是否也需要考虑究竟我们是要建设一个美国以小汽车为导向的硅谷
模式,还是可以更加绿色的空间模式,如韩国的大德科技园、台湾新竹科技园或在伦敦东
部的硅谷。

1. 韩国大德科技园

1973 年,韩国政府连同企业界投入了万亿韩元的建设资金,在大田广域市(DAE-JEON CITY)规划了 27.8 km² 的土地用于大德科学城建设。

科技园公共交通是一大特色,用以保证科技园对外交通联系的便捷性,特别是快速公共交通。从首尔乘坐 KTX(韩国高速铁路)约 50 min 即可到达科技园。从仁川国际机场到大德特区有直接的高速巴士专线联系,乘坐高速巴士约 1.5 h,以保证国际人士飞机后能直接到达园区而无需其他换乘(图 2-36)。

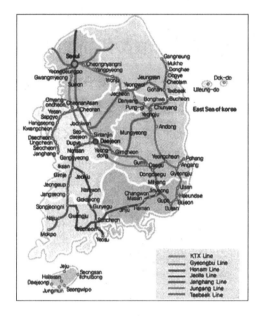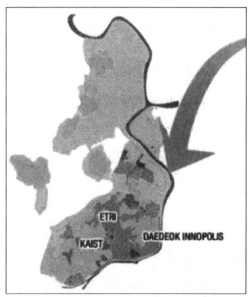

图 2-36　大德科技园区区位及土地利用

土地混合使用是大德科技园的另一大特点,大德特区一直致力于创造科学与商务合为一体的环境,科技园有大量高科技的研究所(图 2-36)。

此外,大德科技园依托所在的大田市,为科技园配套了大量的居住社区与生活文化设施,如运动场、博物馆、展览馆、艺术中心、医院等,丰富了科技园区的生活,使科技园不仅是一个独立的地区,而是作为城市的一个组成部分而存在。

2. 台湾新竹科学园区

新竹科学工业园区(简称新竹科学园区或新竹)于 1976 年开始筹建,1980 年 12 月 15 日正式成立,是台湾第一个科学园区,有"台湾硅谷"之称。

同样,新竹科学园区具有便捷的对外交通联系,台铁(纵贯线)、高速铁路、国道客运等公交方式直接与园区的巡回巴士线路衔接,与台北、桃园机场、新竹市取得直接的公交联系。乘坐高铁达到新竹站,可以换乘站巡回巴士线路,进入园区科技生活馆。

为了保障公共交通的优先,园区设置了 4 条巡回巴士线路,连接园区外部与内部各地。此外新竹科技园区还有较为严格的停车管理措施,除了在局部路段允许停放小汽车与机动车外,其余设置的集中停车场都为收费停车场。

下面我们来分析一下上海的某科技园的案例,通过比较可以发现,公交先导的理念和发展模式依然有待加强。

3. 某科院上海分院浦东科技园

高科技产业园区是上海未来城市发展的重点之一,由于产业园区独立的用地开发,园区与城市存在二元化发展的现象。大德园区与新竹科学园区都展示了一个科技开发园区如何与城市结合、解决交通的良好案例。

在功能上,高科技产业园区应当是城市的有机组成部分,用地需集约与整合。在交通上,应提供良好的公共交通体系,为产业园区内部与外部联系提供各种选择。

某科学院计划在上海浦东建设"大学型科技园区"。某院上海浦东科技园位于张江高科技园区中区的西部,其南侧为中环华夏中路,西侧为罗山路,东侧为金科路,北侧为川杨河(图2-37)。浦东科技园规划范围的四周边界主要为规划城市道路和河流,东至向阳河,南至小张家滨,西至集慧路,北至杰科路—科苑路—韩家宅河一线。该项目在选址过程中依然主要考虑小汽车交通的方便性,而忽略与公共交通方便性的结合(图2-38)。

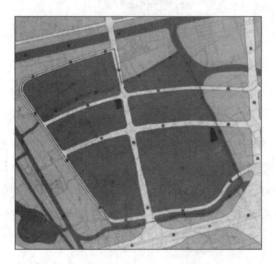
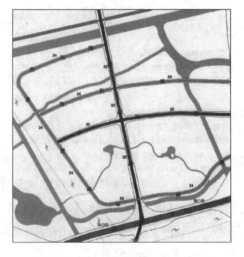

图2-37　浦东科技园控规用地布局　　　　图2-38　浦东科技园控规道路系统

与前述案例比较我们可以发现,科技园区的建设过程中,要适度保持园区的开放性,使园区交通规划与城市发展规划有机结合,维护城市的整体性和协调性。同时,在园区建设方面应首先考虑鼓励区域性和地方性公交的建设,方便区域性公共交通与该地区的联系,减少人们对个人交通的依赖性,降低碳排放。鼓励利用非机动交通工具。如果对这些问题缺乏考虑,我们很难实现发展并且是低碳的目标,并且也很难保证该地区持续的利用价值。

2.7 轨道交通规模

为了实现公交优先,改善大都市区的交通联系,扩大轨道交通规模,因此延伸轨道交通线路长度的策略已经为许多规划实践所接受,哥本哈根的指状发展模式也已经深入人心。随着上海城市的扩展,轨道交通的建设为外迁的人口提供了一种高品质的公共交通选择的可能,沿轨道交通外迁的居民在居住条件得到很大改善的前提下,出行的时间也可以得到保证,其就业可达性并没有因为距市中心的距离而受到很大影响,特别是那些主动搬迁的居民。但由于出行距离的增加,人们的出行更加依赖公交车,地铁和小汽车这些机动化的出行方式[7]。

上海是否轨道交通的规模越长就越能体现绿色与可持续发展?这个问题我们在 2008 年《城市交通》杂志上发表的一篇论文《城市轨道交通与可持续发展》[8]中明确指出,若以单位轨道交通长度承担的客运量来衡量,轨道交通网络越长,单位轨道交通的乘客量会呈现递减的趋势,这就不可避免会存在线路客流分布的"长细尾"现象(图 2-39)。

图 2-39 各站点轨道交通进出乘客量分布(2014 年)

从上海城市轨道交通乘客分布图 2-40 上我们可以看到,在距市中心 15 km 的范围内,轨道交通的乘客强度较高,但在 15 km 以外地区,轨道交通的乘客强度明显下降(图 2-41)。

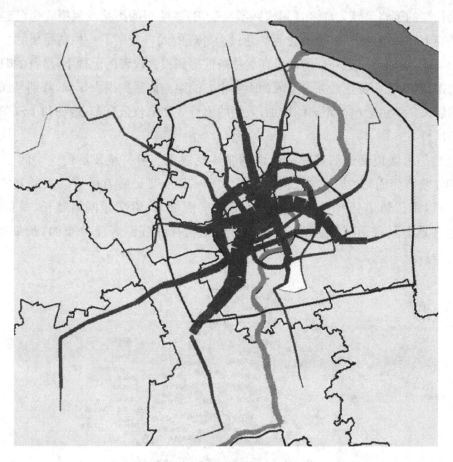

图 2-40　上海轨道交通客流负荷分布

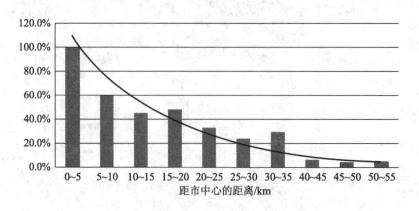

图 2-41　站点客流与距市中心的距离

与城市中心地区相比，城市边缘地区具有更大的发展不确定性，加之轨道线路走向选址的问题，如何保证轨道交通远端段的客流强度，这一问题具有极大的挑战性。

与距城市中心 5 km 范围的站点相比，在 10～15 km 内每个站点的平均乘客仅为前者的 50% 以下，距离市中心越远，站点的平均乘客数急剧下降。最小仅为中心区 5 km 范围内平均站点的 5% 左右。

即便是建设了轨道交通，在远端段缺少足够客流量的情况下，我们也很难保证轨道交通是一种绿色低碳的交通方式。这从式（2-1）和图表有利于我们对这个问题的进一步理解。

$$CO_2 = L \times E \times \alpha$$

式中　L——轨道交通的运营里程；

　　　E——每百公里电力消耗；

　　　α——二氧化碳转换系数（t/tce）。

如果我们不计轨道交通乘客人数增加，车辆载重增加所引起电力消耗的变化。我们可以看到载客量与人均二氧化碳的排放有下面图 2-42 的关系：

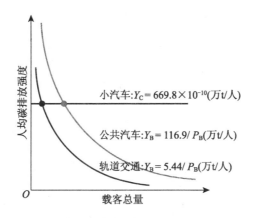

图 2-42　轨道交通乘客人数与人均碳排放强度关系

由于缺乏上海轨道交通能耗的数据来源，我们这里借助深圳轨道交通的数据[9]对轨道交通的网络长度，乘次数和每乘次碳排放进行了分析，并画出如下的谱系图（图 2-43）。

图中纵坐标代表每乘次二氧化碳的排放，横坐标表示乘次数，每一条线表示网络的长度。这里的二氧化碳排放计算包括了牵引的能源消耗所产生的二氧化碳排放及站台通风照明灯能源消耗所产生的二氧化碳排放，从图中可以看出客流量的规模直接决定了轨道交通的碳排放效率。2013 年上海轨道交通的运营线路长度为 526.74 km，其中 1 号线和 2 号线的客流强度分别达到每天 2.8 万/km 和 2.1 万/km。而 11 号线的客流强度仅为 4 000 人/km，16 号线更低至 1 000 人/km。16 号线与 1 号线比相差近 30 倍。就线路里程来看有 40% 的线路里程客流强度小于每天 10 000/km（图 2-44）。

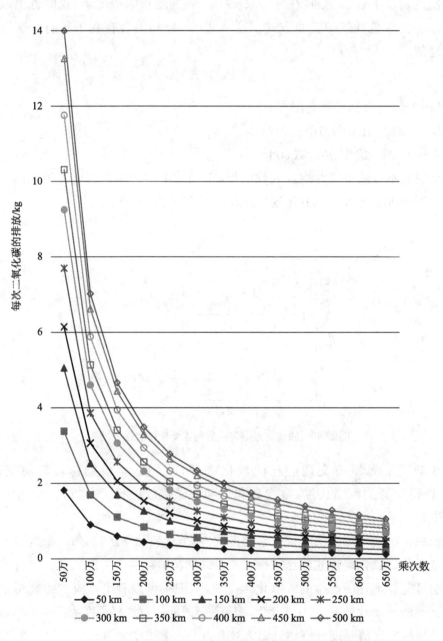

图 2-43　碳排放量谱系图

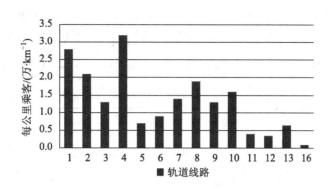

图 2-44　上海轨道线路平均客流强度

虽然高峰时期有些线路非常拥挤,但平均每天每节车辆的乘客人数最少的仅为 5 人,最高的为 37 人(表 2-3)。所以我们必须分析在哪种情况下轨道交通更为有效。

表 2-3　　　　　　　　　　上海轨道交通每节车厢平均乘客数(2013 年)

线路	线路长度/km	乘客/车
1	36.89	24
2	60.34	24
3	40.15	26
4	22.27	37
5	16.61	10
6	32.66	18
7	43.93	25
8	36.96	24
9	49.79	27
10	35.2	24
11	72.26	16
12	18.95	5
13	8.96	5
16	51.77	13

假设轨道交通每公里的乘客数量为 10 000 人,我们比较轨道交通与小汽车和公交车出行的碳排放量。如表 2-4 所示,在公里载客 10 000 人的情况下,无论是轨道网络规模的增加,或者是每次出行距离增加到 15 km,公交车的碳排放效率是最高的。只有在小汽车的出行距离在 10 km 以上,轨道交通的碳排放效率才能超过小汽车。然而如果一个城区人口规模有限,人们一般出行距离也不会超过 10 km。这种情况下轨道交通并不是碳排效率最高的交通工具。当然,轨道交通建设所产生的效益也是多方面的,特

别是大城市中心地区高度专业化的聚集所带来的高客流,轨道交通是一种最有效的工具。地下站台需要通风、照明、空调和电梯的运行。若按每次出行距离为 8.5 km 计,每个站的每天进站乘客要达到 10 000 人次以上才能与小汽车交通的碳排放量抗衡。

表 2-4   不同网络规模轨道交通与小汽车和公交碳效比

轨道网络规模		50 km	200 km	250 km	400 km	500 km
小汽车出行距离	5 km	2.24	1.89	1.89	1.80	1.72
	10 km	1.12	0.95	0.95	0.90	0.86
	15 km	0.75	0.63	0.63	0.60	0.57
公交车出行距离	5 km	6.90	5.82	5.82	5.55	5.28
	10 km	3.45	2.91	2.91	2.78	2.64
	15 km	2.30	1.94	1.94	1.85	1.76

上海轨道交通 9 号线最新规划全线由松江老城至崇明县。至 2010 年底已开通运营段业已串联起了松江新城、徐家汇副中心、陆家嘴城市中心、花木副中心等重要的城市级公共活动中心。以松江新城站和九亭站的居民出行特征为例,研究轨道交通 9 号线的建设与居民出行的直接关系。

对比松江新城站和九亭站的居民通勤出行结构,发现九亭站以轨道交通出行居多,为 44.9%,其次是小汽车出行,为 22.9%;而松江新城站的通勤出行以助动车(29%)和小汽车(24%)出行为主,轨道交通出行仅占 8%。松江新城段载客量较低,在低载客量的情况下运行轨道交通实际上是不低碳的出行方式(图 2-45)。

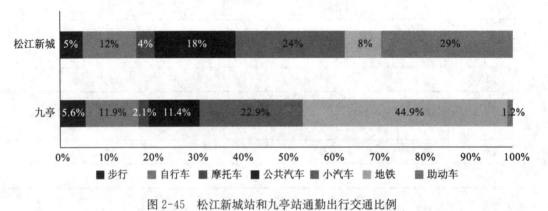

图 2-45 松江新城站和九亭站通勤出行交通比例

上海都市区多心、多核网络型空间结构对扩大未来发展的承载空间会起到十分关键的作用。然而缺乏绿色交通发展导向,过多依赖于道路或高等级公路建设引导大都市区空间演变的模式必然会加剧个体机动化及二氧化碳排放的增加。只有公交先导才能实现公交优先。如果仅考虑公共交通而缺乏非机动交通的有效支撑,我们也许可以实现公交比例比较高的东欧模式。在大规模扩大道路容量的情况下,这种模式更易于转向小汽车导向的空间模式。建立基于多模式平衡型绿色交通先导的多心、多核网络嵌套型空间结构，才能保证一个低碳的大都市空间结构。

由于在某一特定地区的职住充分平衡实际上是不可能的，因此，以公交可达性和重要的复合性城市交通走廊服务能力来确定城市重点的发展的地区及其规模是非常重要的。

2.8　参考文献

［1］程杰. 常驻上海外省市号牌小客车规模和使用特征分析［J］. 上海城市发展，2015-4.

［2］ANAS, ARNOTT, SMALL. Urban spatial structure［J］. Journal of Economic Literature，1998(36)：1426-1464.

［3］GIULIANO, DARGAY. Car ownership, travel and land use：a comparison of the US and Great Britain［J］. Transportation Research Part A，2006(40)：106-124.

［4］LEVINSON, AJAY. The rational locator：why travel times have remained stable［J］. Journal of the American Planning Association，1994,60(3)：319-332.

［5］MARSHALL, BANISTER. Travel reduction strategies：intentions and outcomes［J］. Transportation Research Part A，2000，34(5)：321-338.

［6］阮哲明. 虹桥交通枢纽交通规划后评估分析［J］. 交通与运输（学术版），2013,12(02)：61-64.

［7］ROBERT C, JENNIFER D. Suburbanization and transit-oriented development in China［J］. Transport Policy，2008,15：315-323.

［8］潘海啸. 城市轨道交通与可持续发展［J］. 城市交通，2008(4)：35-39.

［9］谢鸿宇，王习祥，杨木壮，等. 深圳地铁碳排放量［J］. 生态学报，2011,31(12)：3551-3558.

第3章
总体规划下的低碳城市形态结构

3.1 低碳的城市形态

有关城市形态与城市交通的二氧化碳问题已有很多研究,我们针对城市规划中如何落实低碳城市进行了研究,在《中国低碳生态城市发展战略分析报告:可持续城市的规划策略研究》中指出对比现状缺乏交通考虑的无序的区域发展模式,在中国更合理的都

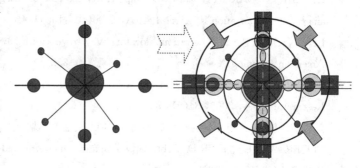

图 3-1 从多核卫星状到公交走廊模式的区域空间结构

市区发展模式应该是结合轨道或者区域公共交通引导的走廊模式。通过空间整合与控制小汽车的数量,从而达到节约能源减少二氧化碳排放的目标(图 3-1)。

城市空间形态在很大程度上是由城市交通体系所决定的,一定的城市空间结构需要有相应的交通结构体系,低碳生态型城市的空间结构的形成需要有绿色交通体系的支撑,以绿楔间隔的公共交通走廊型的城市空间扩张方式,将新开发集中于公共交通枢纽,有利于公共交通的组织,实现有控制的紧凑型疏解,实现"低碳城市"的目标(图 3-2)。

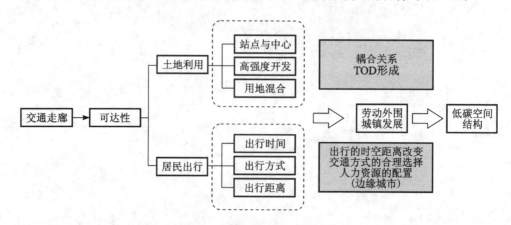

图 3-2 城市空间形态,交通与低碳城市空间结构

城市空间形态的构成可以看为有发展轴或走廊及不同的功能组团构成。城市的发展轴一般都需要一定的交通走廊的支撑,以符合城市空间的扩张向交通成本最低的方向发展的基本逻辑。交通走廊是一个内涵广泛的概念,它不只包括交通服务设施,也必须有一定的影响区,而且包括不太确定的宽阔的走廊用地范围,走廊内可有多种交通方式,它可能是一条主要交通干线,也可能是若干交通线路的组合,但由于走廊的交通流量大,必须有大运量的快速交通方式如轨道交通系统、城市快速路等。

交通走廊是一个复杂的交通系统,它是由各种子系统按照不同的方式组合而成的,主要包括轨道交通系统和道路系统两大类,其子系统的分类情况如图 3-3 所示。

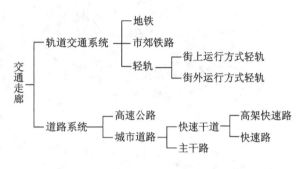

图 3-3　交通走廊系统分类图

国内大多城市的发展主要沿着第二种交通走廊类型来发展,即沿道路系统形成发展轴线,上海早期的城市形态形成也受道路系统走廊的影响,而以道路为支撑的发展走廊,易于带来城市蔓延式的发展。

这里我们研究的"走廊"主要为轨道交通系统形成的沿线地区,即轨道交通线路两侧一定横向距离内的沿线纵向连续的地区。随着上海轨道交通网络的逐步完善,轨道交通在人们日常生活出行中越来越重要,研究沿线地区的土地和人口变化对于低碳城市空间的建构具有重要的意义。

3.1.1　上海轨道交通走廊与土地利用

城市轨道交通干线已成为城市空间向外扩张的发展轴。它提高了沿线地域的可达性,产生了人工廊道效应,促进了沿线地域的开发,增强了沿线地域的经济活力,提升了沿线地域的土地利用价值,这种效应随着相对交通线路距离的增加而减少,从而改变沿线地域的土地利用类型,最终影响城市整体的空间形态(图 3-4)。

上海轨道交通 1 号线于 1995 年正式通车,1997 年延伸至莘庄,横贯上海中心城区,将城市中心区与城市郊区紧密相连。这期间上海城市高速发展,城市向外扩张较快,整个城区外围农村地区城市化进程快速发展。城市外围与城市中心在空间上的联系必定会给城市形态带来影响。

上海轨道交通 1 号线虹梅南路站以南,在线路开通以前沿线土地基本为未开发区域,以农业用地为主;主城区范围仅仅到达上海西南部的漕河泾开发区,在上海南站以及华东理工大学附近仍然存在农业用地。然而在 2004 年,线路南端的终点站莘庄镇已经融入上海市城区。在这一过程中,轨道交通沿线出现了明显的由轨道交通引导的带状城市发展(图 3-5)。

图 3-4　上海轨道交通网与城市形态的关系（2010 年）

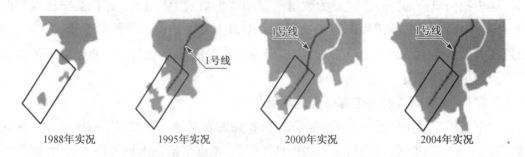

图 3-5　上海轨道交通 1 号线南段沿线的带状城区发展

　　至 2003 年，1 号线沿线城区建设基本成熟，街区分布也相对稳定，由沿线土地利用中可见，居住空间逐步增大，表明城市轨道交通的通车，引导了城区向外拓展，且居住空间沿轨道交通线两侧向外扩散的土地利用形式（表 3-1）。

表 3-1　　　　　　　　　　轨道交通 1 号线上海南站至莘庄站沿线土地利用情况

年份	居住空间/km²	农业用地/km²	其他用地/km²	总用地/km²	居住空间所占比例
1989	1.64	25.23	13.85	40.72	0.04
1994	6.26	9.63	20.22	36.11	0.17
2000	12.47	3.94	19.81	36.23	0.34
2003	17.94	0.00	18.40	36.33	0.49

轨道交通的建设，为人们提供快速出入市中心的交通手段，从而使住宅和商业等设施更容易向轨道交通沿线影响沿线区域范围内高度集聚，从而导致城市轨道交通沿线住宅和商业等设施用地需求量增加。

轨道交通改善了郊区站点城镇的可达性，带动了站点地区的商业、住宅和相关配套设施的发展；提高了土地开发的集约度并呈现明显的圈层效应，带来人口和产业的集聚。

3.1.2　轨道交通走廊与居民出行和二氧化碳排放

城市轨道交通大大提高了交通可达性和市民出行的便捷性，使郊区乘客可以直达市内，缩短居民出行时间，同时能够有力地支撑市域城镇体系的发展，有利于中心城区人口向外疏解，有利于抑制潜在的小汽车过度发展，有利于建设生态城市。这里我们以上海的莘庄和金桥地区为例进行比较。

莘庄和金桥分别距上海城市中心 15 km 和 13 km，两者都是属于城市新拓展的区域（图 3-6）。莘庄站轨道交通 1 号线和 5 号线首尾相接，莘庄的发展得益于地铁 1 号线的开通，它是上海的第一条地铁，亦为上海轨道交通最为繁忙、最重要的大动脉。1 号线最早于 1993 年 5 月试运营，莘庄站于 1996 年 12 月使用。1 号线全长 37 km，南起闵行区莘庄站，北至宝山区富锦路站，穿过上海市中心——人民广场。5 号线于 2003 年运行，全长 17.2 km，北起闵行区莘庄站，南至闵行开发区。

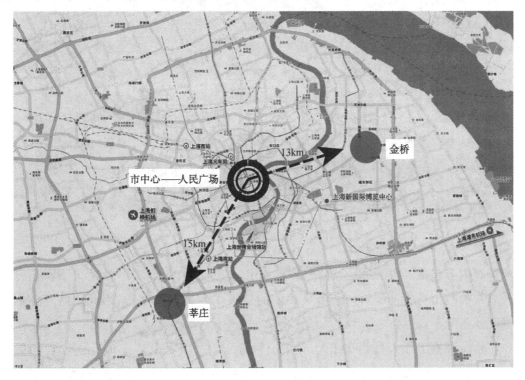

图 3-6　金桥和莘庄区位图

金桥调查范围附近建设有轨道交通 6 号线,离调查小区较近的 3 个地铁站为五莲路、博兴路和金桥路站。6 号线贯穿整个浦东新区,北起高桥镇港城路,南至三林地区主题公园,全长约 33.1 km,与地铁 2 号线及 4 号线在世纪大道换乘,于 2007 年通车。

在建的轨道交通 12 号线从金桥北侧通过;规划轨道交通 9 号线延长段从东南侧穿过。其中的轨道交通 9 号线为上海市下一轮轨道交通建设中的重点优先项目。由于轨道交通的建设较早,莘庄呈现比较明显的轨道交通走廊式的发展模式,而在金桥的发展初期,其空间的拓展主要依赖道路网络的建设。对这两个地区的比较可以很明显反映出轨道交通走廊的作用。为此我们在这两个地区进行专门的调查。

为保证调查数据的完整性和有效性,两次出行调查均采用专业调查员入户调查的形式,每户居民按照工作人员、学生、离退休或待业填写不同问卷。金桥地区的调查一共涉及 12 个居住小区,共 600 户(图 3-7);莘庄地区的调查共选取 12 个居民小区,共 300 户(图 3-8)。两次调查在样本的选取上,考虑距离轨道交通距离、建设年代、建筑密度、容积率等因素。

图 3-7 金桥调查样本分布

调查内容包括:居民的社会经济特征,工作人员通勤出行特征,学生上下学出行特征及日常购物出行特征等。由于本文关注的是工作人员通勤出行,因此忽略其他出行的情况。

金桥所调查工作人员共 992 人,其中出行特征数据填写完整有 983 份问卷,有效率为99.1%(表 3-2);莘庄样本中工作人员共 419 人,有效问卷共 410 份,有效率为 97.9%(表 3-3)。

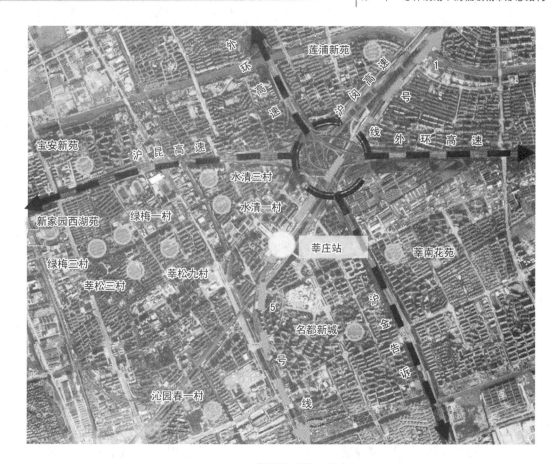

图 3-8　莘庄调查样本分布

表 3-2　　　　　　　　　　　　　金桥调查小区与样本量

小区名称	建筑年代	样本量/人
长岛花苑	2005	126
金舟苑	2002	81
金桥新村	1997	150
金桥新城	2005	158
金石苑	2004	54
阳光欧洲城(一二期)	2000	33
阳光欧洲城(三期)	2001	19
阳光欧洲城(四期)	2004	23
阳光国际公寓	2005	7
永业小区	1995	176
佳虹小区	1994	77
张桥小区	2003	79
共计		983

注:由于阳光欧洲城为低层联排别墅小区,对于入户调查的数量有限制,因此样本量较少。

表 3-3　　　　　　　　　　　　　莘庄调查小区及样本量

小区名称	建筑年代	样本量/人
水清一村	1994	31
水清三村	1995	28
沁园春一村	—	39
名都新城	2004	30
莘松三村		15
莘南花苑		61
莘松九村		34
莲浦花苑	1998	40
新家园西湖苑	—	38
宝安新苑	2004	34
绿梅一村	—	30
绿梅三村	—	30
共计		410

根据调查,在使用高碳排放的交通方式——小汽车及出租车上,金桥的出行比例高于莘庄,小汽车出行比例金桥和莘庄分别为 19.94%、12.93%,金桥地区要高于莘庄地区近 54%;金桥的出租车出行比例为 0.41%。

在公共交通出行方面,金桥常规公交的使用比例远高于莘庄,前者为 22.48%,而后者仅 10.00%,但在轨道交通(含换乘)出行方面,金桥却远低于莘庄,金桥为 13.43%,莘庄为 32.53%,是金桥地区的 2.42 倍(图 3-9)。

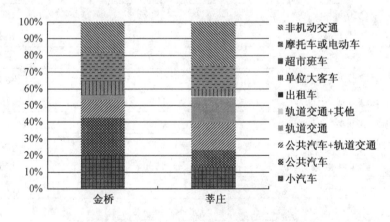

图 3-9　两地交通方式的比较

在无碳排放的交通方式——非机动交通方面，莘庄的出行比例高于金桥，前者为 25.85%，而后者为18.31%。这样就导致金桥地区的人均交通碳排放量远远大于莘庄地区（图3-10）。

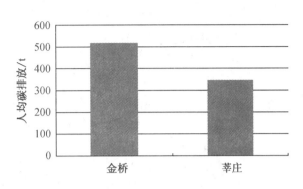

图 3-10　金桥与莘庄人均碳排放的比较（g/p，交通）

同时，我们也要注意的是，尽管轨道交通走廊的建立，对引导人们低碳出行具有十分显著的作用，但如果轨道交通线路过长就会导致在轨道交通的线路上有很长一段线路载客人数过低的现象。这样尽管轨道交通是大容量公共交通系统，由于较少的乘客和较高的电力消耗，反而会导致人们的高碳出行。

因此，将轨道交通站点与城市公共活动中心两类节点耦合，一方面会促进城市公共活动中心的发展，另一方面有提供客流，保证轨道交通的经济效益。即使在两类节点相互分离的情况下，车站地区的可达性和人流集中的优势在空间上会吸引原来的城市中心向车站地区转移。各级城市中心与轨道交通车站之间相互作用的强弱，取决于轨道交通在整个交通体系中的重要度，以及现有中心地区的发展。

3.2　多中心建设——轨道交通建设与城市活动中心的耦合

3.2.1　多中心建设对交通的影响

从城市活动和活动中心来看，城市有单中心和多中心的多种类型。将城市根据"中心"的数量来划分，主要着眼于城市就业、购物等人员聚集的地域在中心区或者中心区以外布置，以及居住人口集中在中心城或者与外围的城镇之间有相当规模的通勤。有学者将城市分为单中心、多中心（田园城市）、多中心（随机移动模式、北美）、单中心—多中心混合模式等多种模式，界定空间模式，除了土地总量/密度、人口密度轮廓之外，还要看每天达到中心区通勤的情况，假如 35% 以上的出行是到达或者离开中心区 CBD，那么就被认为是单中心城市（这里指的是城市里面与 CBD的关系，即中心城是不是存在副中心的问题）不同的城镇空间组织形式会导致多种类型的出行。一般认为，单中心的城市形态比多中心的城市形态有小的交通产生量。在单中心的模式中，就业机会高度集中，一方面导致早晚城市交通高峰期，另一方面又使城市道路（另一个方向）的使用率在高峰期不高。与单中心相比，多中心的就业机会相对分散，次中心的存在吸引分散了一部分交通量。同时，由快速的、高容量的交通网络将主要中心与亚中心联系起来，则会减少机动车的出行量（图 3-11）。

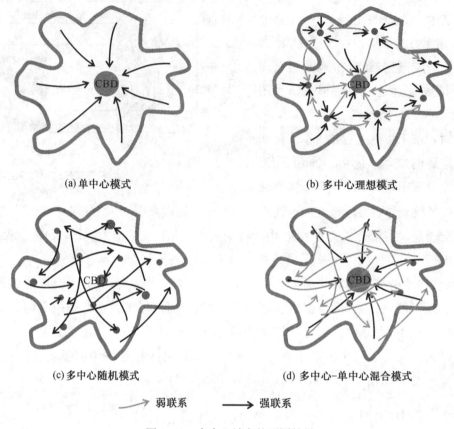

(a) 单中心模式　　　　　　　　　　　(b) 多中心理想模式

(c) 多中心随机模式　　　　　　　　　(d) 多中心-单中心混合模式

→ 弱联系　　　　⟶ 强联系

图 3-11　多中心城市的不同结果

　　多中心是否可以减少交通出行？加拿大多伦多就是一个拥有多中心的例子。大约 20 年前多伦多着手于从单中心到多中心城市结构的改造。多伦多的其他有一些主中心、次中心，都是由快速的公共交通联络起来的。多伦多采取了一系列的土地规划及土地税的政策来促使其多中心的发展。各交通站、枢纽点也被提高密度，人们可以步行到这些交通枢纽点，再搭乘公交到目的地去。在小范围内，这些节点之间也达到就业和人口的平衡，再与整个多伦多的就业大市场进行整合。需要指出的是，多中心并不一定能减少交通量(车公里数)。相反，如规划不好，多中心将大大地增加城市交通，如上海浦东的开发建设不但没有减少交通量，反而刺激了黄浦江越江交通需求的增长。1995—2009 年，中心城区越江日均出行量从 110 万人次增长到 200 万人次，增长 81.8%。

　　在基础设施和机动化的背景下，大都市中心区与外围区域的联系日益密切，建成区空间的整体形态模式难免面临"多中心""单中心"的选择，什么类型的"中心"模式和怎么去实现才是需要重点关注的。如果多中心城市结构的建立缺乏较高的公交可达性的支撑，也将难以实现低碳城市的发展目标。

3.2.2　交通可达性

可达性概念在理解上的分歧产生了许多本质认识及测算方法上的混乱，为了全面、准确地理解可达性，运用文献综述的方法，全面回顾国内外学者对其本质含义及测算方法的论述。对空间可达性的认识及测算方法总体上分为三种类型：空间阻隔、机会累积和空间相互作用。基于空间阻隔的方法是从纯形态学角度来分析可达性，而基于机会累积和基于空间相互作用的方法还考察土地使用和发展机会对可达性的影响。基于机会累积的测算方法强调某点在等时线范围内所能接触到的机会累积量，而基于空间相互作用的测算方法侧重于出发点与目的点间的相互作用强度。与机动性概念相比，可达性在城市研究和交通规划中有着更为广泛且重要的应用：首先，能夯实城市交通规划的指导原则；其次，能准确监测与评价交通项目实施效果；最后，能深刻诠释城市空间结构。

例如，在城市规划中，人口密度大的区域或者公共建筑物集中的区域需要较高的交通可达性，在城市规划实施上，就是在人流集中的地区，需要更密集的道路，更畅通的人行系统。在交通规划中，交通部门常常需要评估某些地区的交通状况，即通过评估它们的交通可达性，来决定是否加大那些区的交通投资力度，同时也需要评估某条道路所带来的社会经济效益，即评估该道路沿途的交通可达性的变化是否与期望相符，以决定是否修建该道路。在区域规划中也常常要考虑各个区域中心的交通可达性是否能满足区域的经济活动及防灾疏散的需要，由此决定是否加大对该区的交通投资力度。在房地产开发中，开发商可以通过对他们开发的商业楼盘或小区的交通可达性进行合理评价，由此来说明该楼盘或小区的交通方便程度，进一步说明该楼盘或小区的楼房定价的合理性。

1. 交通可达性研究分类

交通可通达性及其相关问题的研究受到众多行业的关注，而正是这种关注点的不一样，使得交通可达性依据应用领域的不同而不同。以前的研究者根据研究内容的差异给出了不同定义及分类，概括起来讲，有关交通可通达性的分类可以依据研究和应用侧重点不同分为如下三类：

1) 若干点之间的连通性或连通度。

基于重要基础设施之间联系便捷程度评价的交通可通达性，简单地说，就是考查点对点之间的交通可达性。比如考查 A，B 两点之间的交通是否连通，通畅情况如何等。例如：在区域城镇体系结构研究中，研究者往往依据现有或规划的高速公路系统，研究某区域内城市与城市之间以快速公路为主要出行道路的出行时间，继而研究高速路网的合理性，进行区域产业发展引导，区域生产力布局以及区域城镇体系规划。

2) 点与面出行范围问题（设施与区域服务范围）

基于某固定区域、城镇或基础设施的服务范围问题衍生的由点对面的出行范围问题。保证服务范围内所有点到达该设施消耗最小的出行时间,即到达最为便捷。例如,研究某医院的选址,如何使医院可以在有限规模的情况下,其服务半径及服务人口均达到最大化,即保证节约资金,又保证设施的高效率利用,就是研究医院周边所有被服务居民到达医院出行时间最小。

3)片区交通可达度评价(宏观可达性)

在以往有关交通可达性的概念中,就将交通可达度与交通可达性进行了单独区分,即用交通可达度来表示某片区交通出行能力。假设在所研究的地理范围内同时有 m 个足够多的交通出发点,n 个交通吸引点,从 m 个出发点中任取一点 i,在一定的交通条件下,计算出到达 t 个吸引点所需的平均交通时间,可以认为该值是 i 点的可达性指标。片区的交通度评估也被称作为宏观可达性,它是城市规划、区域规划、交通规划等重要规划的必要前期研究之一,它直接影响着城市路网构建,重要道路选址及重要交通枢纽选址等重要问题,同时,片区之间的交通可达性比较是衡量地区社会经济发展水平的重要指标。所以,此类问题现在研究最多,应用也最为广泛。

2. 交通可达性的测度

1959 年,Hansen 首次提出了可达性的概念,将其定义为交通网络中各节点相互作用的机会的大小。此后,可达性研究得到了城市规划、交通地理以及从事区域和空间研究的众多学者长期而持续的热情参与和关注。许多学者基于自己研究的角度,提出了可达性的涵义,并深入探讨了对其进行定量评价的方法。2003 年,Kwan 将可达性分为个人可达性(Individual accessibility)和地方可达性(place accessibility)两类,前者是反映个人生活质量的一个很好的指标,后者是指某一区位"被接近"的能力。1997 年,Handy 与 Niemeier 认为不存在有度量可达性最好的研究,因为不同的情况和目的需要不同的研究,这里我们列出两个最常用的表达形式。

1)距离度量方法(Distance measures)

距离度量方法是最早被学者研究用以定量衡量可达性的方法,国外学者 Stewart-Warntz 和 Hansen 提出根据客体的规模及相互间隔来权定客体的可达性,规模大小具有广泛意义,可以是占地面积,人口数等宏观可观察数据,相互间隔是前文提到的距离,按研究目的可分为空间距离,时间距离和经济距离。

Stewart-Warntz 表达式为

$$A_i = \sum_{j=1,\, j\neq i}^{n} S_j S_{ij}^{-b} \quad i = 1, 2, \cdots, n \tag{3-1}$$

Hansen 表达式为

$$A_i = \sum_{j=1,\, j\neq i}^{n} S_j \exp(-bs_{ij}) \quad i = 1, 2, \cdots, n \tag{3-2}$$

2）基于效用的度量方法（Utility-based measures）

效用度量法是基于随机效用理论，其包含了多项 logit 模型。表达式为

$$A_n = \ln\Big[\sum_{\forall\, \in C_n} \exp(V_{n(c)})\Big] \qquad (3\text{-}3)$$

个人可达性的度量描述了特定个人在其特定的社会经济条件下的可达性，有别于一般的地理可达性，Kwan and Pirie 发展了这一方面的理论。这一理论修正了地理可达性的基本假设即同一地区的人具有相同的可达性。

3. 影响公共交通可达性的主要因素

1）公交站点周围的开发密度及设施服务水平

在公交站点周边，尤其是轨道交通站点周边的人口密度集聚，开发强度集聚以及公共服务设施集聚水平的提高将会大大提高公共交通的可达性。TOD 的规划理念和实践方法与公共交通可达性提高的目标一致。

2）公交网络水平

公共交通网络水平是公交可达性的基础影响条件，包括站点和线网的覆盖密度、空间拓扑以及与土地利用的耦合。其中包括：公交线网密度、公交线路重复系数、平均换乘次数、非直线系数、站点覆盖率等。以上这些指标的提高都有助于公共交通可达性的提高。

3）公交服务水平

在公交网络水平的基础上，公交服务水平也是重要的公交评价指标，包括：发车间隔、信息化水平、车辆设备质量等。以上这些指标的提高都有助于公共交通可达性的提高。

4. 公交可达性土地集约利用

公交网络的设置构想与土地利用模式密切相关，与功能中心分级设置的土地利用构想一致，公交网络采用两级设置。干线网络服务生态城内片区之间的联系，选择的系统运量相对较大。而支线网络主要服务于片区内部，为非机动化方式提供可替代的机动化出行方式，可选择运量较小的系统。片区内部由于设置分级的社区中心，大部分的社区活动均在步行可达范围，而整个片区的用地范围均在自行车的适宜范围内，在片区中鼓励并应被大量使用的交通方式为步行或自行车。而支线公交的设置仅仅体现为对体弱者的人文关怀以及对交通系统供应质量的提升（提供可选择性）。

在大伦敦规划中，城市中心城区的可达性明显呈现高点，在对外轨道通道上形成新的公交高可达性走廊。公交可达性的分布也是伦敦空间规划决策的一个重要依据。一些新的就业岗位高度聚集的就业中心区位的选择，直接取决于城市公共交通的可达性（图 3-12）。

公交可达性应该作为城市建设选址、开发强度控制、城市天际线设计、交通需求管理和城市交通空间设计的一个基本评价指标。

公共交通可达性

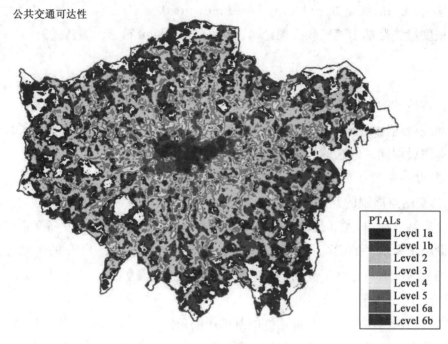

PTALs
| Level 1a |
| Level 1b |
| Level 2 |
| Level 3 |
| Level 4 |
| Level 5 |
| Level 6a |
| Level 6b |

图 3-12 伦敦的可达性分布计算

3.2.3 城市公共活动中心与轨道交通的耦合[1]

在城市总体规划中,城市的交通方式与交通网络得到基本确定,也就确定了城市不同区域公共交通可达性的强弱。以公共交通导向的城市结构鼓励大型城市公共设施集中的城市区域中心与公交枢纽的结合。改变以传统中心地理论指导的城市结构,转向多极网络嵌套理论。但是,在目前总体规划与控制性详细规划阶段,各级城市中心位置和开发强度的确定,存在很大的随意性,并没有意识到以公共交通的可达性为依据的重要性,并且可能导致鼓励高能耗的出行方式或严重的交通拥挤。为此,在相关研究中提出空间耦合的要求。

1. 耦合的必要性

城市中心节点作为交通区位优势地区,也是商办类非居住使用功能集中和高强度开发的地区。从轨道交通的发展来看,轨道交通作为大运量的快速公共交通方式,主要解决的是城市中心节点地区高强度开发所带来的常规交通难以满足的可达性需求,提供对城市中心的有效的基础设施支撑。尤其是对于城市中心的零售商业功能的促进,原因在于轨道交通的站点人流量充足,可以为商业中心带来充足的商业客流,从而促进商业产业的发展。

另一方面,保证较高的轨道交通搭乘率既是轨道交通的交通目标所在,也是轨道交通作为一个投资规模巨大的、运行成本较高的基础设施的经济性目标所在。针对这一目标,其线路规划的首要原则为"流量第一"原则,即轨道线路必须穿过流量集中的地区,也就是各级城市中心。因此,轨道交通的站点设置与各级城市中心在空间分布的充分结合是实现两者相互耦合场效用最大化的基本物质空间前提。

2. 耦合的作用机制

基于交通可达性的影响,轨道交通与城市空间之间的相互作用使得城市空间表现出围绕站点节点(交通可达性最优点)自发组织的空间特征和相关效应。研究表明,即使在两类节点相互分离的情况下,站点地区的可达性和人流集中的优势在空间上会吸引原先的城市中心向站点地区的空间转移。

两者的相互作用可表述为四个阶段(图 3-13):第一阶段由于在已经存在城市中心地区难以设置,新的站点设置在中心的周边地区。第二阶段由于站点地区人流集中,站前商业设施开始聚集,而与此同时中心区的商业设施受到影响,规模开始减少,但并不明显。第三阶段站前商业发展速度和潜力进入快速增长阶段,中心区的现有功能的衰退并向站点地区的空间转移。第四阶段站点内部的联合开发也趋于立体化和综合化。站点以及周边地区的再开发的规模增大,进一步向周边拓展,同时品质进一步提升,成为地区新的城市中心(包括原有中心的部分地区)或比原中心更高级的城市中心。

各级城市中心与轨道交通站点之间的相互作用力,取决于轨道交通在整个交通体系中的重要度以及现有中心地区的发展。现实中许多城市中心由于发展已经比较成熟,交通供需基本平衡,同时由于在社会文化脉络等因素的影响下,新的站点的设置并不能导致很大的城市中心的功能规模的变化以及空间上的迁移。另外,在一个高度个人机动化的城市中,轨道交通对城市空间的作用力也会减弱许多,北美许多研究的结论证实了这一点。应当说,在一个城市处于经济快速发展,城市空间拓展迅速,城市交通供给不足的状况下,轨道交通站

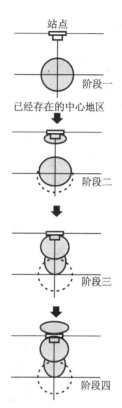

图 3-13　轨道交通与城市中心耦合机制

点的设置对城市空间的影响最大,城市中心与轨道交通站点之间的相互作用更加明显。

必须注意的是,这种基于两者内在作用机制,自发组织的、但又缺乏控制与引导的而形成城市空间的质量并不高,必须通过对城市空间结构、土地使用和空间环境的良好的控制与引导而达到在轨道交通方式和城市空间之间的一种逐步进化的、高度和谐状态。

3. 新建地区轨道交通与城市空间耦合一致度案例分析

城市轨道交通站点地区轨道交通站点地区范围有多种界定方式,研究表明在起始端,轨道交通的影响范围可以从城市中心地区的 500 m 半径范围,扩大到在外围地区的 3 km的半径范围。研究从实用角度考虑以及对步行导向的空间品质的重视,以步行半径,即以站点为核心 500 m 半径(10 min 的步行距离)为基础来确定目的地轨道交通站点核心地区的范围。多数研究表明,在目的地端,500 m 范围为轨道交通影响作用最明显的地区。同

济大学潘海啸教授组织的多次轨道交通调查表明,在距离站点 500 m 范围内的居民到达站点的交通方式中步行交通的比例为 82.3%,步行成为最重要的交通方式。

轨道交通与城市空间耦合一致度界定:城市各级公共活动中心区范围与城市轨道交通站点地区(在此界定在以站点为核心 500 m 半径的范围,当然,可以根据研究需要有不同的界定方式和范围)在空间上有重合,即可视为两者之间在空间上的耦合一致。如果两个范围无重合,则视为两者之间在空间不耦合一致,其意味着城市中心地区和轨道交通未能依据临近性原则(proximity)布置,两者之间不能达到最有效的相互支撑状态,不能通过步行方式而必须通过其他交通方式完成在城市中心地区和轨道站点之间的换乘联系。以下两个案例分别是虹桥商务区和闵行元江商务区的案例,由于这里将聚集大量的工作岗位,可以将其归类为多中心建设的一种形式。根据前面对金桥和莘庄的分析,我们可以看到,在城市外围地区,如果缺乏高品质城市公共交通的支撑,极其容易导致高碳的发展模式。

案例一　虹桥商务区轨道交通站点与空间耦合一致程度分析

如前所述,虹桥商务区将建成大型综合交通枢纽,成为上海重要商务集聚区,位于上海市中心城西侧,沪宁、沪杭发展轴线的交汇处,其东至环西一大道,南至沪青平高速公路,西至嘉金高速公路,北至沪宁高速公路,用地面积约 86.6 km^2,常住人口 53 万(图 3-14)。其中核心区为商务区中部商务功能集聚的区域,位于交通枢纽西侧,面积约 4.76 km^2,包括核心区一期、北片区、南片区和中国博览会区域四个部分。

图 3-14　虹桥商务区范围

虹桥商务区的总体功能定位为：服务我国东部沿海地区和长江三角洲地区的大型综合交通枢纽；上海实现"四个率先"、建设"四个中心"和现代化国际大都市的重要商务集聚区；贯彻国家战略，促进上海服务全国、服务长江流域、服务长江三角洲地区的重要载体。其中，虹桥商务区核心区的主体功能为现代商务和会展，是上海"多中心"中央商务区的重要组成部分，将建设成为上海市第一个低碳商务社区。

虹桥商务区道路系统规划：规划构建"四横三纵"高（快）速路与"五横四纵"主干路网络，以及"两纵三横"城市轨道网络。从右图可看出，虹桥商务区的交通系统目前还是以道路为导向的，尤其是以小汽车出行为导向进行。

如右图所示，尽管虹桥商务区核心区内设置有轨道交通站点，但是由于该轨道交通同时服务于虹桥火车站的客流，其位置处在虹桥火车站和商务区的中间，而非商务区的核心位置。尽管虹桥商务区有轨道交通服务，但仅有25.01%的用地在该轨道交通站点500 m的服务范围之内。这说明轨道交通并未与虹桥商务区的中心充分结合。

案例二　闵行元江商务区轨道交通站点与空间耦合一致程度分析

闵行区沪闵路元江路地块位于上海市西南部的闵行区颛桥镇。该镇处于闵行区西南的中心腹地，距闵行中心莘庄约 7 km，据上海市内环线约15 km，其东西两侧毗邻吴泾工业区和莘庄工业区，北侧为春申示范聚居区，南侧为交大闵行校区和紫竹科学园

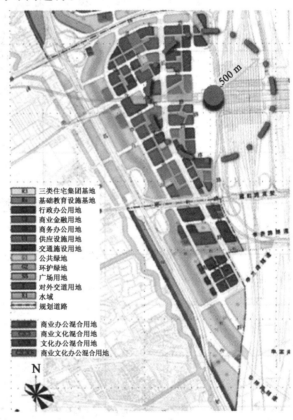

图3-15　虹桥商务区用地布局与轨道站点位置

区。凭借其优越的地理位置和近几年的飞速发展，该地区正逐步成为闵行区西南地区辐射中心（图3-16）。

该地区定位为：闵行区乃至上海西南近郊的商务办公新中心；集商务、展览、商业、休闲、娱乐、教育为一体的现代城市公共设施的集聚地；现代城市郊区休闲游览生活的新天地；闵行区西南地区的城市形象窗口。

该商务区的规划着力把握和体现轨道交通的价值，将商业区尽量靠近轻轨站点布置。商务办公区次之，位于城市核心的位置。综合配套服务区则布置在远端，从而形成

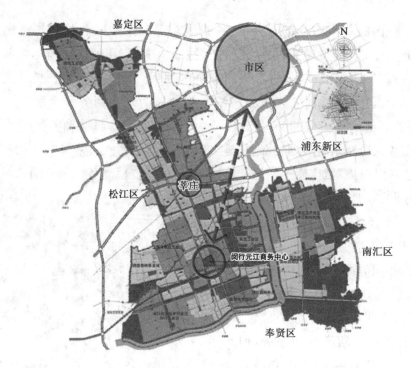

图 3-16　元江商务区位置图

以轻轨站为圆心,根据土地价值的逐级递减而进行相应开发的城市总体布局,从而使土地价值达到最大化。

　　尽管该规划强调其对轨道交通的重视,但该商务中心与轨道交通的耦合程度并不高,仅有 23.48% 的用地位于轻轨站 500 m 的范围之内(图 3-17)。

图 3-17　元江商务区用地布局图

目前,包括上海在内的我国特大城市大规模的高密度轨道交通网络建设是一个关键的城市空间发展阶段,这一阶段中,轨道交通将会对城市空间结构、土地使用和空间品质产生重大的甚至是根本性的影响,因此,必须高度重视这一阶段,抓住时机,基于耦合的原则来控制和引导轨道交通与城市空间的建设,确保城市公共活动中心有大容量公共交通的服务支撑。而一些新兴的聚集大量工作岗位的就业中心的建设又存在与骨干公交走廊和公交枢纽匹配度差的问题。这种多中心的建设模式将难以保证城市的低碳发展模式。

3.3　城市空间形态与城市交通的 5D 模式

今天,我国特大城市交通所面临的种种问题如机动车的快速增长,交通拥挤,特别是由于机动车的使用所导致的二氧化碳气体的排放,在某种程度上正是我们前期规划建设的结果。为了有效地抑制个体机动化方式的增长,多年以来我们一直倡导城市公共优先发展的策略,提出了公交改革的深入、立法、投资和科技发展的重要性[2]。而城市用地布局和城市开发建设对交通需求的产生强度和分布的作用是不容置疑的。北美地区提出的 TOD[3]——也就是公共交通导向城市发展的模式在我国城市交通和城市规划界取得了高度的认可[4]。人们对以 TOD 模式解决城市交通问题寄予极高的期望。但我们也必须同时看到,我们很难保证城市公共交通能够实现门到门的出行,这样就难以保证人们交通出行全过程效率的提高。

在一个快速发展的城市,交通系统的发展和交通需求的增长与城市的土地使用和空间结构的调整的互动关系具有共生并发的特点。城市交通问题的产生可能是交通系统的原因,也可能是土地使用控制不当的原因。日本城市通过轨道交通的建设在城市交通系统方面的努力是非常成功的,但在土地使用的控制方面并非如此。南美的一些城市因为经济发展水平和城市发展模式的特点提出 BRT 的解决方案。当伦敦采取拥挤收费的时候,巴黎推行自行车租赁系统。世界上改善城市交通的策略有某些共同的规律,但不同城市在实现目标的过程方面所采取的路径具有明显的多样性,没有一个固定好,标准的发展模式。我们在这里提出 5D 的发展模式,也就是 POD>BOD>TOD>XOD>COD。

3.3.1　以人为本的城市交通

以上所提及的 TOD 模式比较容易理解,也是当前的一个热点话题。但在考虑公共交通为导向的发展模式之前还有两个层次的内容需要考虑,也就是 POD 和 BOD。其中的 POD 包含两层意义,首先是城市建设,城市交通的改善要体现以人为本的原则,以人的发展——提供更多的生产性空间\能力性空间,生活质量的提高为目标,能给人们提供一个健康有序的而不是污染的生活环境,不仅当代人能够享受到,而且我们的后代仍然能够享受到。减少城市交通二氧化碳排放的同时,我们也同时降低了交通对城市的污染。城市交通的建设需要大量的公共资源,如何能够使不同社会阶层的人和行动不便者都能从中受益,而不是加剧社会的分异,导致某些社会群体的更加边缘化是要努力的方向。既然交通出行是我们生活的一部分,我们就必须充分考虑人们在交通出行过程中的体验,而不是像一个可以自我移动的物品一样被运送到城市的各个地方,某些城市为了一味地提高公交出行的比例,迫使人们高度拥挤在特定的线路上其结果不仅会导致人们工作效率的严重下降,也会带来严重的安全隐患。我们需要充分且透明的信息从而了解我们的出行过程,掌握交通出行的主动权,而不是在交通的黑盒子中永远焦虑地等待。这样才能够去选择集约式的交通模式。

3.3.2 有利于步行和自行车

POD的另外一层要求是希望以方便人们步行出行为导向。城市原本是我们能够方便步行的地方。步行是我们的基本技能,也是我们维持身体健康的基本需要。而许多建设使人们在城市中的步行变得越来越困难,人们正在丧失步行这一基本的技能。即便是在纽约有发达的城市轨道交通和较高的经济收入水平,人们步行出行的比例达近40%,远远高于我国许多大城市的步行出行比例。

我国是自行车大国,经过多年的城市建设,上海依然有世界上罕见的自行车交通的基础设施,在许多情况下,自行车交通依然起到十分重要的作用。在城市交通界关于自行车发展一直存在争论,认为自行车是过时的交通工具,或者认为自行车只适应于短距离交通出行等。在轨道交通网络密集的时尚巴黎,自行车租赁系统的推广受到普遍的欢迎。上海在"三纵三横"道路上恢复自行车道也是对大城市中自行车使用合理性的一种正确回应。

关于远与近本来就是一个相对的概念,而不是一个绝对的概念。与人们的平均出行距离相比,与在自行车出行距离内人群所占的百分数相比,都不是一个可以忽略的量。特别是在高峰拥挤之处,旁边的自行车行驶的速度反而会超越具有数秒钟内加速到100 km/h的小汽车。与公共交通相比,自行车并不需要政府过多的财政支持。在一个安全和清洁空气的环境中骑车不仅可以锻炼身体,也可以减少政府的医疗负担。自行车并不需要燃油,不排放尾气。丹麦的一个计划中希望能将自行车的平均出行距离提高到10公里以上。在夏天,哥本哈根一半左右的人是骑自行车来上班的,同时当地也在积极推广货运非机动车的使用。所以我们认为,放弃自行车就是放弃中国城市可持续发展的未来[5]。采用自行车作为接驳轨道的交通方式具有明显的优势,其效率是一般公共汽车的两倍以上,闵行某一个轨道站点地区的公共自行车数量可以高达2 000以上,这就是人们出行的选择。

方便人们自行车的使用,不仅在于在交通规划中设计自行车网络,还要注意在城市规划中强调用地功能的混合,小街区的设计,使人们在自行车活动的范围,可以找到服务设施,到达就业场所。自行车租赁系统与轨道交通和快速公交相结合,可以显著扩大这些骨干公共交通系统的服务范围。另外,如果在城市中心地区,人们可以选择自行车,就可以减少轨道交通和快速公共交通的近距离乘客数量,留下更多的车厢空间为长距离出行的乘客服务。而这些长距离出行的乘客则更易于转换为采用小汽车出行。保持我国城市交通出行中自行车使用的比例是对生物圈平衡的一项重大贡献。

3.3.3　快速大容量公交导向的发展模式

这里的第三个层次是 TOD 也就是大容量公共交通导向的开发模式。城市用地的布局和开发过程要有利于人们使用公共交通。这里我们要强调城市空间布局中各级城市公共活动中心体系应该与包括轨道交通在内的骨干公共交通系统的枢纽体系相耦合,这样有利于形成公共交通系统与城市空间布局相互支撑和良性互动的局面。轨道交通规模的扩展,必须考虑到政府在强调公益性的情况下所带来的财政负担。政府对公共交通公益性的承诺可以通过多种更有效的途径来实现。在目前的规划实践中,常常把公共交通导向的开发模式理解成为围绕轨道交通站点地区 500 m 范围的开发。基于这种理论假说,会带来两个相互制约的问题:问题一是在城市外围地区,为了有更好的轨道交通服务,必须加大轨道交通网络的密度或轨道交通的长度,这样一来无疑会加重政府的财政负担,造成经济上的不可持续性;另一个问题是如果我们不加大外围地区轨道交通网络的密度或长度,在围绕站点 500 m 半径以外居住的居民就更加易于去选择个体机动化工具,造成城市交通的拥挤。就目前轨道交通站点地区状况来分析,我们可以看到由于围绕轨道交通站点地区 500 m 半径范围内的房型与更远地区的房型差异较小。另外,居住在轨道交通站点 500 m 半径范围内的居民往往收入较高,他们使用轨道的比例可能反而要低于离轨道交通站点较远的居民。根据我们的研究发现,在城市中心地区,由于存在多种交通模式的竞争,轨道交通的站点服务区较小。在外围地区,由于人们更依赖于轨道交通实现与城市中心地区的联系,所以有比较大的影响范围。因而,公共交通导向的发展模式不能仅仅被简化成为围绕轨道交通站点地区 500 m 半径范围内的开发[6]。我们需要建立以大容量公共交通为支撑,多模式相互协调的城市和区域发展走廊,需要考虑城市中就业和居住的空间分布,以及对不同社会阶层的成员影响。

3.3.4　形象工程与小汽车导向的发展

"X"在数学的计算中常常表示一个未知数,城市中的某些建设其目的的确令人难以琢磨,所以我们这里用 XOD 来表示。另外的一层意义在于我们的一些城市热衷于形象工程建设(X 是拼音形象工程的缩写)[7],改善城市的静态视觉形象。但我们很难用评价一个艺术作品的标准,来评价一个城市。因为大多数市民需要依赖城市生活。城市的形象工程如果能结合步行,自行车和公共交通使用环境的改善就更有其积极的意义,显然这是一个继续鼓励小汽车,还是鼓励低碳城市的问题。尽管人们普遍反对过度使用小汽车,但在某些情况下人们还必须依赖小汽车。今天的城市发展希望完全禁止小汽车的使用是困难的,关键是要限制小汽车在错误的地点和错误的时间内的使用,通过城市规划、管理和社会的组织减少小汽车的不合理使用。上海的机动车牌照拍卖大大延缓了城市小汽车化的快速发展,如何利用好这一时间窗口仍然值得探讨。

当然就城市交通而言"X"也往往被用来描述准公交的模式,如方便,整洁和安全的出租车可以部分抑制人们对小汽车拥有的需求,如果一个城市采用交通拥挤收费的措施,高质量的出租车服务将是保证城市运转效率非常重要的一种方式,城市规划中如何适应高效出租车交通组织的设计依然值得探讨。另外,一些大型超市普遍采用的超市班车的确解决了许多老年人的购物和社会交往的需求。准公交模式是传统公交模式的一个重要的补充,可以满足人们特定的交通出行需求。

3.3.5 结论

我们提倡的5D模式并非表示最上层次的步行城市是唯一的选择,这是考虑交通方式与土地使用中的优先顺序,回到完全的步行城市也不现实,所以在这个优先次序的外面我们用一个框,表示土地使用与多模式交通是一个整体。城市交通系统是一个有规则指向的多模式叠加和复合的网络服务系统,需要从不同的尺度研究城市的交通。由于城市生活的日益多样化,城市交通规划要从单一模式向一个多模式的相互支撑的交通体系转变。依赖城市快速干道系统解决城市交通拥挤的问题只是一种缺乏远见的幻觉,因为人们的行为和城市的空间功能演变完全不遵从于机械交通工程学的原理。由于上海这个特大城市交通与土地使用具有共发并生的特点,多模式交通体系的选择应该置身于其所处城市环境的特征,城市的开发建设中要考虑到对不同交通模式的影响,并与城市发展的多维度目标相结合。从而保证城市交通建设的快变量与城市总体发展的慢变量的协调一致,实现可持续发展和低碳宜居的城市建设的目标。

由于相对可达性的改变,轨道交通在改造上海城市空间结构中起到了十分重要的作用。比较金桥与莘庄的案例我们看到以轨道交通为代表的高品质公共交通系统的先导建设的确可以减少二氧化碳的排放。所以,多中心城市建设中我们必须考虑轨道交通枢纽建设与各级城市中心建设的耦合,也就是高强度的城市开发建设要建立在高度公共交通可达性的基础上。这两者不仅要在空间上耦合,而且还要在时序上协调,然而一些新开发建设并没有考虑到公共交通的先导。同时由于轨道交通供给也存在边际效用递减的规律,因此我们在这里提倡5D发展模式。由于上海这个特大城市交通与土地使用具有共发并生的特点,只有多模式交通体系的选择才能适应于所处城市环境的高密度、高度混合的特征。

3.4 参考文献

[1]潘海啸,任春洋.轨道交通与城市公共活动中心体系的空间耦合关系——以上海市为例[J].城市规划学刊,2005(4):76-82.

［2］赵波平,蒋冰蕾.公共交通优先对策与实践[J].城市轨道交通研究,1999,3:1-4.

［3］CALTHORPE P. The Next American Metropolis：Ecology，Community，and the American Dream [M]. Princeton Architectural Press，Princeton，NJ，1994.

［4］陈莎,殷广涛,叶敏.TOD内涵分析及实施框架[J].城市交通,2008,6(06):57-63.

［5］潘海啸.低碳城市的交通与土地使用模式[J],建设科技,2009(17):38-41.

［6］潘海啸,陈国伟.轨道交通对居住地选择的影响——以上海市的调查为例[J].城市规划学刊,2009 (05):71-76.

［7］潘海啸,卢柯.新"城市美化运动"和城市现代化的思考[J].城市问题,2001 年增刊.

第4章
城市密度,用地混合与城市低碳交通出行

4.1 城市密度与交通的关系

在城市总体规划的引导下,构建低碳的城市空间结构首先应注意城市密度的问题,越来越多的研究已证明,通过密度控制可以实现城市的紧凑发展,从而减少出行,达到"低碳发展"的目的。1996年,联合国在伊斯坦布尔人居会议上为今后的城市发展明确了方向即综合密集型城市。

如图4-1所示,世界上以小汽车出行为主导高能耗城市无一不是低密度的。

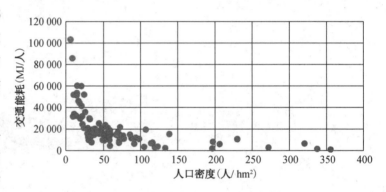

图4-1 城市密度与交通能源的消耗

4.1.1 国际经验

研究表明,不同密度地区交通方式结构明显不同。总体而言,在各种交通方式中,密度对私家车和公交车有较显著的影响,高密度开发地区居民通常采用公共交通和非机动车方式,而低密度开发地区则以私家车交通方式为主。国外学者分别从居住密度和就业密度对交通方式选择的影响展开研究,并总结出一系列具有一定参考价值的结论和指标。在居住密度与交通方式选择的研究方面,Pushkarev和Zupan发现,当居住密度达到148单元/hm^{2}以上时,一半出行将以公交方式实现;Cevero采用1985年全美住户调查数据1985AHS(American Housing Survey)研究表明,居住密度比土地利用混合程度更明显地影响通勤的小汽车和公交各自的占有率;提高居住密度,结合土地混合使用,能降低机动车拥有率和减少出行距离;Schimek结合多伦多与波士顿进行案例比较研究,发现高密度对应多类型的交通方式。由于有更高的居住密度,结合在CBD和近郊区更集中的就业,加上社会经济的不同,多伦多居民有更多样化的交通方式选择。此外,Parsons Brinkerhoff、Messenger和Ewing

以及 Cevero 和 Kockelman 等也通过研究认为，居住密度影响机动车拥有情况，从而影响公交使用情况。

另一方面，就业密度也影响工作出行方式选择。Cevero 认为郊区就业中心的密度影响工作出行方式选择；Schimek 指明就业密度越高，公交的使用比例越大；Frank 和 Pivo 更是给出了相应的经验数值，认为交通方式由单人驾车向公交、步行方式转化存在就业密度的门槛：每 $62\sim123/hm^2$ 就业人数的密度时随着密度增加，单人驾车适度转为公交、步行方式，而达到 $185/hm^2$，就业人数的密度时则随着密度增加，这种变化迅速明显。

从宏观上比较，目前世界上几大洲之间的人口密度存在很大的差距，若以高、中、低划分，分别为高强度的亚洲、中强度的欧洲和低强度的美洲与澳洲等。分别选择位于这三种密度层次的三个代表城市作日常通勤交通出行方式的对比，由表 4-1 可见，随着密度的增加，公共交通的比例提高，而私家车方式降低。如莫里斯采用公共交通方式仅为 4.2%，远远低于高强度典型的新加坡，后者为 52.4%；而在私家车方面则相反，莫里斯为 81.2%，而新加坡仅为 23.7%，中等密度开发的伦敦此两项指标则均位于中间。另外，出行方式与城市结构以及道路交通供给有密切的联系。蔓延式的城市以高速路为主组织交通，通勤距离较长，不适合步行、自行车或摩托车交通的出行，因此，此类出行方式的比重极低，而集约化的高密度地区则相反。值得一提的是中等密度的伦敦与高密度的新加坡相比，前者采用步行或自行车的比例反而高，这除了与空间结构组织有关外，作为绿色交通，步行或自行车交通方式受到政府的重视，在道路设计方面得到相应的考虑。

表 4-1　　　　　　　　　　几个典型城市交通方式构成比例的比较

城市地区（年份）	所在洲	开发强度	步行或自行车	公共交通	摩托车	私家车	合乘小车	其他
莫里斯（2000）	美洲	低	1.9%	4.2%	0.8%	81.2%	8.2%	3.7%
伦敦（1998）	欧洲	中	14%（步行 11%，自行车 3%）	13%（公交 7%，铁路 6%）	1%	71%	—	—
新加坡（2000）	亚洲	高	6.4%	52.4%	4.8%	23.7%	6.7%	6.1%

在这种意义上讲，城市密度、城市结构和道路设计等土地利用要素与政府发展策略共同影响着城市居民的交通出行方式选择。

就单个建设项目来看，上海城市中心的建设密度非常高，但就一个区域的总体密度来看，密度还不算太高。如纽约曼哈顿地区的就业岗位密度可以达到约 24 万左右/km^2，大量就业岗位的聚集将会大大提高一个地区的竞争力。同时也有效地鼓励了人们采用公共交通或其他绿色交通工具。这是因为在高密度聚集的情况下，小汽车是没有效率的。这里的一个关键问题就是我们如何处理好交通方式转换的问题，如果依然希望依赖于小汽车出行，这就不可避免地会导致交通拥挤和环境质量恶化的问题。

4.1.2 国内经验和上海案例

对于大多数中国城市而言,作为高密度的城市,步行与自行车方式作为日常出行的主要方式是一个显著的特点。除了与上述城市密度、城市结构和道路设计等影响交通出行方式选择的因素有关外,社会经济因素也起着重要的作用。起步发展中的中国城市,经济发展水平仍然较低,作为费用最低的体力交通出行方式(步行和自行车)至今仍为大众所接受。表4-2为国内一些城市20世纪90年代的交通方式。

表4-2 国内一些城市20世纪90年代交通方式构成比例

城市(年份)	步行	自行车	公交车	摩托车	小汽车	单位车	出租车	其他	市区人口密度/($人 \cdot km^{-2}$)
上海(1999)	15.09%	39.01%	15.16%	—	—	15.09%	—	15.7%	2 873
广州(1998)	41.90%	21.50%	17.50%	10.40%	2.28%	—	0.72%	5.70%	2 808
南京(2000)	23.57%	40.95%	20.95%	5.24%	—	5.68%	—	3.61%	2 751
杭州(2000)	27.61%	42.77%	22.2%	0.78%	—	4%	1.49%	1.15%	2 566
贵阳(2001)	62.4%	2.7%	26.6%	1.6%	0.8	4.1%	1.0%	0.7%	753
深圳(1995)	52.02%	26.80%	8.22%	3.56%	1.45%	6.44%	1.48%	1.04%	615
珠海(1998)	46.41%	18.14%	6.67%	18.53%	1.94%	7.05%	0.59%	0.67%	591

作者在上海市进行实证研究,即金桥地区居民通勤出行方式调查。金桥镇地处上海浦东新区中部,南临张江高科技园区,北依黄浦江,西与陆家嘴金融贸易区相望,东接外高桥保税区和港区,是国家级开发区——金桥出口加工区的主要开发区域,行政管辖面积25.48 km^2,辖7个村、7个居民区和1个国际社区,户籍人口总数2.8万余人,流动人口8.7万余人,外籍居住人士3 000余人。

在对金桥地区居民出行特征的调查中发现,在具有相同的公共交通服务、土地利用混合度等其他条件下,小区容积率对高收入阶层的通勤交通方式有明显的影响作用(表4-3)。调查将居民收入分为高中低三个阶层,以个人年收入低于2万元、2万~6万元、6万元以上作为区分标准。所调查的小区涵盖三种开发强度类型:高容积率、中等容积率及低容积率。

表4-3 调查小区名称及主要建筑层数

类别	小区名称	容积率	主要建筑层数
低容积率	阳光欧洲城	0.6	3
中等容积率	张桥小区	1.2	6
	永业小区	1.2	6
	佳虹小区	1.2	6
	金桥新村	1.2	6
	金舟苑	1.2	6
高容积率	金桥新城	1.67	11
	长岛花苑	3.37	24

在高收入阶层的居民中,其通勤交通方式与其所居住小区的开发强度有较为明显的相关性:低容积率小区使用个体机动交通的比例明显高于中、高容积率的小区,高容积率小区居民使用非机动交通的比例最高。这进一步验证了密度对于交通方式选择的影响,说明保持较高的开发强度是低碳城市建设的一个重要因素(图 4-2)。

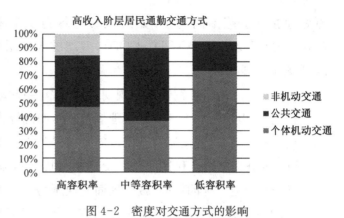

图 4-2　密度对交通方式的影响

4.2　城市密度对出行距离和出行分布的影响

4.2.1　城市密度与出行距离的关系

城市密度越大,城市用地组织的有机性往往越大,使居民出行的距离相对较短。一般来说,高密度地区使出行距离相对较短,且大多采用步行或自行车等非机动车交通方式,使人均机动车里程随着人口强度的增加而下降。但人口密度高到一定程度时,这种变化趋势则会趋于平缓。如图 4-3 所示,人口密度超过 1 万人/km² 时,年人均机动车里程较低,多数在 10 km/人 以下,但随着密度的增大,这种变化越来越不明显。

可见,高密度地区机动车交通出行方式比例相对稳定。这主要是由于开发强度高,各种城市功能在有限的地域范围内集成,人们的工作、文化娱乐、教育学习、探亲访友、购物社交等活动在有限的空间内组织,缩短了交通出行的距离,限制了机动车出行方式的选择。

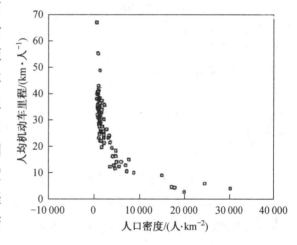

图 4-3　密度与出行距离的关系

在对出行分布的影响方面,高密度城市交通出行分布更容易在较小的范围内就地均衡。卫星城和西方蔓延式的城市发展模式中在交通问题上最显著的问题之一在于各区之间的交通依赖。由于居住与就业的分离,新区与老区之间,新区与新区之间的交通出行量较大,从而产生交通瓶颈,导致钟摆式的交通分布状况,以及对小汽车的依赖性。

高密度城市由于多种功能的用地在空间上相对集中,缩短了通勤距离,使交通更好地在较小范围内均衡,如果能够与绿色交通模式相互耦合,也就是5D模式(POD＞BOD＞TOD＞XOD＞COD),就能够大大增加城市空间的灵活性,促进城市的低碳化发展。

4.2.2 《上海市控制性详细规划管理规范》中对城市开发强度的要求

在《上海市控制性详细规划管理规范》中,明确提出了地块开发强度控制的要求,以提高土地利用效率,使交通及基础设施效益得到集中的体现,其具体要求如下:

(1)轨道交通站点和其他公共交通枢纽周边应采用较高的开发强度,以充分发挥大容量公共交通设施的效率,减少地面交通压力。

(2)中心城、中心城以外地区按照不同的开发强度分区等级进行控制。中心城的开发强度分区按建设地块容积率的高低分为6个等级,控制要求如表4-4所示。

城市重点发展地区的开发强度,在不超过环境和基础设施容量的前提下,经论证,允许适当超出以上管理规范的控制要求。

表4-4　　　　　　　　　　　　　中心城开发强度引导一表

强度分区	市级、地区级公共活动中心		一般地区		
	商业/办公用地容积率	适宜建筑层数	商业/办公用地容积率	住宅组团用地容积率	住宅适宜建筑层数
Ⅰ级	＜1.0	≤3	＜1.0	＜0.8	≤3
Ⅱ级	＜2.0	3～5	＜1.5	＜1.2	4～6
Ⅲ级	＜2.5	5～8	＜2.0	＜1.6	6～8
Ⅳ级	＜3.0	8～16	＜2.5	＜2.0	8～14
Ⅴ级	＜4.0	14～20	＜3.0	＜2.5	12～18
Ⅵ级	≤4.0	≥20	≤3.0	≤2.5	≥18

(3)中心城以外地区的开发强度分区分为3个等级,每一等级强度分区内再细分为基本强度和特定强度。基本强度是此等级强度的主要构成,特定强度是此等级强度在主要发展轴线或节点上的控制强度(表4-5)。

表4-5　　　　　　　　　中心城以外地区开发强度引导一览表

强度分区		住宅组团用地容积率	商业/办公用地容积率
Ⅰ级	基本强度	1.0～1.2	1.0～1.5
	特定强度	＜1.6	＜2.0
Ⅱ级	基本强度	1.2～1.6	1.5～2.0
	特定强度	＜2.0	＜3.0
Ⅲ级	基本强度	1.6～2.0	2.0～3.0
	特定强度	≤2.5	≤4.0

(4)为提高土地使用效率、保持一定的开发强度,一般工业用地的容积率不低于0.8。上海市从控规层面对土地开发强度做出了明确规定,这对于城市保持较高密度发

展,使居民个体机动交通比例保持在较低水平有很大作用。

4.3 土地使用混合与低碳交通出行

4.3.1 上海四街区的案例选取

在研究土地使用混合与交通方式选择和二氧化碳排放的问题中,我们选择上海的卢湾、八佰伴、康健和中原 4 个街区(图 4-4)进行实证研究。这 4 个街区的城市形态各异,卢湾街区和八佰伴街区接近城市中心区,卢湾是 20 世纪三四十年代建立起来的传统街区,八佰伴街区在 20 世纪 90 年代才形成一定规模;康健街区和中原街区分别位于城区的南北边缘,接近城市副中心区,但这两个地区的社会经济特征有很大差别,康健街区的居民平均收入要比中原地区高些。

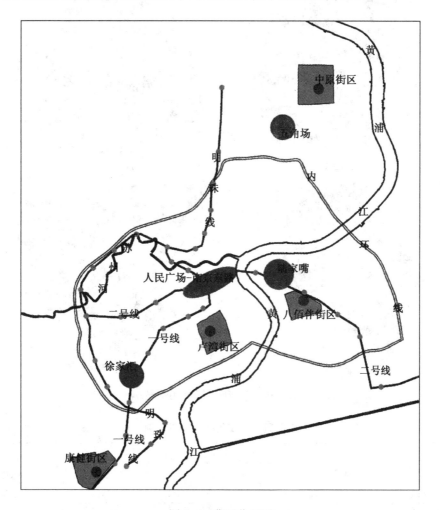

图 4-4　街区位置图

通过面对面的问卷调查收集居民的出行行为和社会经济特征,问卷有 3 类问题,分别为:

（1）被访者的社会经济特征，包括年龄、性别、职业、家庭规模、收入和车辆拥有情况；

（2）个人出行特征，统计了被访者前天和日常的出行信息，包括出行起点和终点、出行方式、出行目的和出行时间等；

（3）交通出行的主观评价，包括速度、舒适性、费用、灵活性、可靠性和安全性。

通过地理信息系统软件 ArcView，根据被访者提供的交通出行起讫点信息计算出行距离。

4.3.2　街区用地及路网特征

利用调查地区的地形图得到各街区的土地使用情况，见图4-5。表4-6是这些街区的用地方式统计。

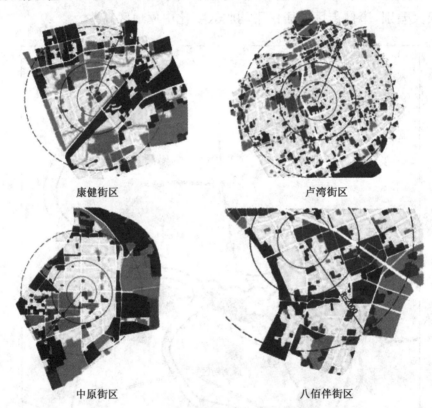

康健街区　　　　　　　　　　　卢湾街区

中原街区　　　　　　　　　　八佰伴街区

图 4-5　各街区土地使用情况

表 4-6　　　　　　　　　　各街区土地使用方式构成比例

用地方式	街区			
	康健街区	卢湾街区	中原街区	八佰伴街区
居住用地	38.87%	54.16%	30.03%	43.95%
商业用地	2.53%	5.69%	2.15%	6.79%
办公用地	0.09%	3.15%	0.92%	8.32%
文教用地	11.25%	2.93%	7.36%	1.61%
娱乐用地	0.21%	0.50%	0.95%	0.26%

续表

用地方式	街区			
	康健街区	卢湾街区	中原街区	八佰伴街区
医疗用地	0.41%	1.72%	2.81%	0.29%
工业用地	11.84%	7.95%	17.31%	9.04%
仓储用地	3.05%	0.18%	9.59%	6.11%
道路用地	10.22%	16.87%	6.05%	9.05%
市政用地	8.37%	1.22%	5.34%	1.92%
绿地	8.17%	3.97%	12.74%	3.18%
未利用土地	2.63%	1.65%	4.75%	8.76%
河流	2.35%	0%	0%	0.73%
总计	100.00%	100.00%	100.00%	100.00%

城市路网设计的另一个表示是交通服务质量和街区的路网设计。就这些街区的路网设计而言,除卢湾区外,其余几个区的路网都是按规划建设的,并且附近都有相应的商业服务设施。从图 4-6 可看出,卢湾区路网密度最高,交通可达性最高;中原区路网密度最低,但就公交服务而言,中原区的常规公交服务网络非常发达;而在康健和八佰伴地区有轨道交通通过。

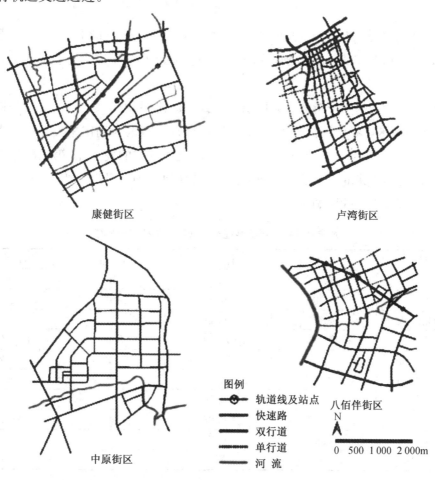

图 4-6 各街区路网情况

4.3.3 街区设计特征与低碳交通模式

通过调查，共有8种交通出行方式，分别是：步行、自行车、电动自行车、摩托车、常规公交、轨道交通、出租汽车和小汽车。为了简化起见，将以上8种交通出行方式合并为三类：①非机动方式；②公共交通方式；③小汽车方式。由于在出行阶段出租汽车与小汽车的特性更加接近，这里将出租汽车归为小汽车出行方式。

利用多元线性回归(MLR)方法进行分析。采用该方法的原因是：①人们选择的出行方式取决于交通方式、社会经济、城市形态和文化的特征。交通方式的特征为出行时间、出行费用和交通方式的舒适性；社会经济特征有年龄、收入、车辆拥有情况等[1-2]，统计结果见表4-7。为了区分城市路网设计特征的影响，必须将其他影响区分开来。MLR方法可以达到这一目的。②使用离散变量来表示交通方式，由于因变量是离散变量，不能应用常规的最小二乘法(OLS)进行分析。逻辑斯蒂克回归模型的最大似然法可以克服常规最小二乘法的缺陷。应用的两组逻辑斯蒂克方程[3]：

$$LN(P_{transit}/P_{NMM}) = \beta_{t0} + \beta_{t1}X_1 + \beta_{t2}X_2 + \cdots \tag{4-1}$$

$$LN(P_{car}/P_{NMM}) = \beta_{c0} + \beta_{c1}X_1 + \beta_{c2}X_2 + \cdots \tag{4-2}$$

式中，$P(.)$为选择某种交通方式的概率；X_i为自变量向量；β_{ji}为参数向量；$P_{transit}/P_{NMM}$和P_{car}/P_{NMM}分别表示选择公共交通或小汽车方式与非机动交通方式的发生比。

表4-8是所选的4个街区的居民出行方式构成比例，表4-9是用MLR分析得到的结果，由于卢湾区具有中国传统街区的特征，所以以卢湾区为例作相关分析。模型分析结果有两部分，第一部分表示公共交通与非机动交通方式的发生比，第二部分表示小汽车与非机动交通方式的发生比；这三种方式中的任何一种都可以作为参照方式；回归系数表示变量对发生比的影响。

表 4-7　　　　　　　　被访者的社会经济特征和交通出行特征统计摘要

变量	均值	标准差	最小值	最大值
年龄/y	36.39	14.49	16	65
性别(女=1)	0.48	0.50	0	1
家庭规模/人	3.19	0.97	1	13
月收入/元	3 057.39	2 167.69	500	12 000
出行时间/min	29.44	32.03	2	712
出行距离/m	5 324.21	5 375.39	37.30	31 990.66
自行车	1.32	0.96	0	7
小汽车	0.07	0.28	0	3
助动车	0.26	0.50	0	4
$N=1\ 819$	—	—	—	—

表 4-8　　　　　　　　　　　　所选 4 个街区的居民出行方式构成比例

出行方式	康健	卢湾	中原	八佰伴
非机动交通	36.97%	71.51%	53.17%	42.33%
公共交通	50.11%	21.68%	40.96%	45.40%
小汽车	12.92%	6.81%	5.87%	12.27%
总计	100%	100%	100%	100%

另外,从表 4-9 可知,收入与出行距离有直接关系,收入越高出行距离越长;若拥有小汽车,出行距离也会变长。在路网密度和土地使用混合度比较高的卢湾地区,出行距离受到抑制。

表 4-9　　　　　　　　　　　　出行距离与各要素的关系模型

	回归系数	方差	t 统计值
常数	7 394.0	593.6	12.46
收入/元	236.5	117.8	2.01
年龄/y	−433.7	83.0	−5.23
性别(女=1)	−693.3	241.9	−2.87
家庭规模	−72.5	124.6	−0.58
小汽车	1 290.8	442.2	2.92
卢湾(1:是;0:其他)	−2 835.8	262.5	−10.80

表 4-10 中出行时间变量在两个模型中的系数都为正,说明出行时间越长,出行者越愿意选择公共交通和小汽车出行方式,而不是步行和自行车。通过发生比可以定量地估计出行者选择某种交通方式的偏好。如与时间相关的发生比为 1.068,这表示在其他情况一样时,出行时间每增加 1 min,出行者选择公共交通的概率是选择非机动化方式的 1.068 倍。同样可以得到出行时间每增加 1 min,选择公共交通的概率是选择小汽车的 1.043 倍。而卢湾区居民选择公共交通、小汽车的可能性都要小于非机动化方式。性别和小汽车的拥有情况对人们选择公共交通或非机动化方式没有影响,但对选择小汽车还是非机动化方式有显著影响。

表 4-10　　　　　　　　　　　　出行方式选择模型

(1) 公共交通与非机动方式的发生比			
	发生比	回归系数	方差	z 统计值
---	---	---	---	---
出行时间	1.068	0.029	0.004	17.40
个人收入/元	1.156	0.063	0.070	2.39
年龄	0.813	−0.090	0.035	−4.76
性别(女=1)	1.205	0.081	0.148	1.52
家庭规模	0.872	−0.059	0.058	−2.04

续表

	小汽车	0.828	−0.082	0.223	−0.70
	在卢湾	0.471	−0.327	0.067	−5.33

(2) 小汽车与非机动方式的发生比

	发生比	回归系数	方差	z 统计值
出行时间	1.025	0.011	0.006	4.16
个人收入/元	1.294	0.112	0.115	2.90
年龄	0.865	−0.063	0.057	−2.21
性别(女=1)	0.540	−0.268	0.106	−3.15
家庭规模	0.786	−0.105	0.085	−2.24
小汽车	6.133	0.788	1.474	7.55
在卢湾	0.609	−0.215	0.128	−2.35

4.3.4 不同街区的二氧化碳排放的计算

居民出行碳排放计算如式(4-3):

$$CO_2 = \sum_{i=n}^{i=1}(L_i \times E_{ik} \times \alpha_k) \quad (k = [1, 7], k \in Z) \tag{4-3}$$

再通过 GIS 地理信息软件计算了居民出行链的各步骤的出行距离以后,结合每步骤的出行方式,和该出行方式的碳排放强度,计算居民的出行碳排放,计算结果如表4-11。

表 4-11　　　　　　人均出行二氧化碳排放的基本统计　　　　　　单位:g

		碳排放	通勤排放	非通勤排放
N	有效	1 235	1 235	1 235
	缺失	0	0	0
均值		2 240.60	1 570.57	670.03

可以看出,就整体的样本库而言,居民日常出行碳排放为 2 240 g,其中通勤出行平均为 1 570 g,非通勤出行的平均值为 670 g。通过碳排放的总体频率分布,我们可以看出大部分居民的出行仍采用步行和非机动的出行,或者是出行距离较短,形成了如下的居民出行碳排放频率分布(图 4-7)。

为了进一步研究居民采用机动出行的碳排放情况,我们对于居民出行碳排放样本库进行筛选,选择碳排放大于零的这一部分数据进行统计,结果如表 4-12 所示。

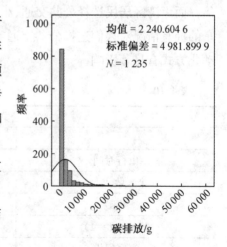

图 4-7　二氧化碳排放量的分布

表 4-12　　　　　　　　有碳排放人均出行二氧化碳排放的基本统计　　　　　　　单位:g

		碳排放	通勤排放	非通勤排放
N	有效	765	765	765
	缺失	0	0	0
均值/g		3 617.185 173	2 535.498 822	1 081.6 864

可以看出,在 1 235 个样本中,出行链中有采用机动出行方式的居民共有 765 人,他们的平均出行碳排放为 3 617 g,通勤碳排放为 2 535 g,非通勤碳排放为 1 081 g。

通过采用机动方式出行的居民碳排放分布可以看出(图 4-8),出行链中仍然以低碳排放的出行为主,即在 1 kg 排放以下的出行占总出行量的 80% 左右。而在 1~2 kg 的排放量区间,也有 10% 左右的样本量。超过 2 kg 排放量的出行较少。

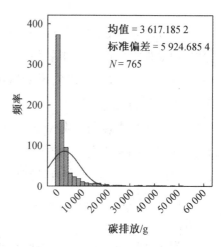

图 4-8　二氧化碳排放量的分布

我们对于碳排放大于零的居民进行个案汇总,可以看到淮海街区共有样本 169 个,平均排放为 2 754 g,为 4 个街区中的最低值,其中通勤排放1 827 g,也为 4 个街区中的最低值,非通勤排放 927 g。

康健街道共有样本 285 个,碳排放均值 3 831 g,其中通勤排放 2 814 g,为四街区中通勤碳排放最高的地区,非通勤碳排放 1 016 g。

潍坊街道共有样本 184 个,平均碳排放值为 4 419 g,为 4 街区中的最高值。其通勤碳排放为 2 562 g,非通勤碳排放为 1 857 g,为 4 街区中的最高值。

殷行街区共有样本 127 个,碳排放平均值为 3 121 g,通勤排放为 2 812 g,非通勤交通碳排放为 309 g,为 4 街区中的最低值。

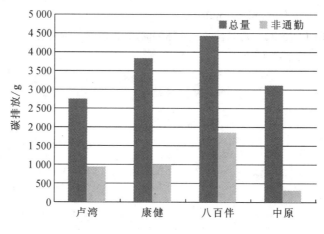

图 4-9　不同街区二氧化碳排放量的分布

通过研究可知街区的路网设计特征会影响居民的出行方式选择。在具有传统中国城市街区特征的卢湾区，出行距离更短，人们更愿意选择非机动化交通方式，居民交通出行的二氧化碳排放也较低。

一般而言，土地利用高密度与公交出行模式有相对应的关系。高密度的城市形态有利于大运量的公共交通的运行，降低小汽车的使用率，从而减少交通拥挤和环境污染。

一方面，小汽车交通，需要兴建大规模的道路和停车系统，而这在高密度的城市环境中是很难实现的。如果要保证大多数人的机动性，就必须使用大运量的公共交通工具。另一方面，也只有高密度的城市环境，才能使公交系统达到较高的运载量，从而达到商业赢利的要求。

所以在高密度与公共交通之间有一种相互依存的关系，不同的公共交通工具对城市最低密度的要求是不同的，一般来说运载量越大的交通工具，对密度的要求也就越高。因此，高密度发展、大容量公共交通的相互支持是低碳城市发展的一个必要条件。但大容量干线公交的服务面有限，所以 5D 模式可以保证城市在灵活性和低碳排放的平衡。

路网规划时，应强调小街区设计、密集的街道网络、混合的土地使用方式以及基本生活设施的配置，从而更加有利于绿色交通和城市可持续发展。

但是，在过去的 20 年，我们城市特别是外围地区的交通发展模式朝着有悖于传统高密度及有利于步行和自行车使用的路网方向发展，这显然不利于发展绿色交通，也与城市的可持续发展相矛盾。

4.4　参考文献

［1］AKIVA B，MOSHE，STEVEN R. L. Discrete Choice Analysis［M］. Cambridge，MA：MIT Press，1985.

［2］DOMENCICH T. A. ，MCFADDEN D. Urban Travel Demand：A Behavioral Analysis［R］. New York：North Holland Publishing Co，1975.

［3］PINDYCK R. ，RUBINFELD D. Econometric Models and Economic Forecasts［M］. Fourth Edition. New York：McGraw-Hill，1998.

第 5 章
非机动化交通友好的低碳城市出行环境建设

非机动化交通一直是当前我国许多城市客运交通的重要组成部分,事实上一般的交通调查中严重低估了步行在城市交通中的作用,如从家到轨道交通和公交车站的出行往往将其归类到轨道交通或公共交通方式中。非机动化交通是 3～5 km 出行距离交通的有效方式,也是最有利于低碳发展的交通出行方式。据统计,目前步行和自行车交通仍是中国城市居民出行的主要方式,一般占全方式出行的 50%～60%。就上海而言,非机动化交通仍是主要的交通出行方式,同时拥有良好的非机动化出行环境基础。以自行车交通为例,上海拥有大量的分离式自行车道、曾经也有便利的自行车维修摊铺体系、充足的自行车停车场地、自行车专用的交通信号灯相位。Colin Buchanan 咨询公司在《上海交通白皮书回顾》(2005)中指出:"上海很明显仍具有良好的自行车路网,这足以令其他城市羡慕。……主要路径上的完全分离自行车车道,更多次干道上的分隔车道和混合车道,再加上机动车受到限制的路一起为自行车、助动车/小摩托车提供了通往城市大部分地区的路径。……上海还有宽阔的、安全可靠的、高质量的有遮挡的自行车停车设施。……另外,上海道路非常平坦,使得上海成为世界上自行车最友好的城市之一。"然而应当看到,近年来我国城市居民步行和自行车出行比例正迅速下降,其中自行车出行比例正以年均 2%～5% 的比例下降。在不包括步行交通的中心城区客运交通结构中,非机动车的比例由 2009 年的 23.7%,下降到 2013 年的 18.8%[①]。建设低碳城市,保护非机动化、创造非机动化友好的城市出行环境是未来最紧迫的工作之一。

鼓励非机动化出行的主要措施包括如下几个方面:土地使用是否鼓励混合与短距离出行,步行和自行车道的质量,通过交叉口的方便性,网络的连接性,步行和非机动车的环境,停车的安全性及地形条件等。近年来国内许多城市开始重视绿道的建设,希望通过绿道的建设吸引人们休闲、锻炼并鼓励非机动车,特别是自行车的使用,国外的研究表明这种措施对吸引人们采用自行车的交通方式出行几乎没有任何作用[1]。

5.1 上海的非机动化交通

2009 年上海市总的注册非机动车数量达到 1 344 万辆,其中 1 067 万辆脚踏自行

---

① 上海市第五次交通调查,2014 年。

车,277万辆助动车。每天平均自行车出行611万人次,比2004年下降40％。每天平均电动自行车668万人次,较2003年增加了3倍。

值得一提的是上海保持着较高的非机动化交通出行和公共交通出行比例,非机动化交通出行比例在2008年仍高达46.2％,在通勤交通中公共交通的比例达42％(图5-1),在非通勤交通中,步行和自行车占较高比例(图5-2)。如果在未来的城市发展中,仍能将非机动化交通和公共交通的出行比例保持在较高水平,对于城市交通碳减排是非常有利的(表5-1)。

表5-1   **上海市历年出行方式结构变化统计**[①]

年份	范围	出行方式结构					
		轨道	公交	出租	个体机动	非机动	步行
1981	市区	0	28％	0	1％	13％	58％
1986	市区	0	35％	0	3％	26％	37％
1995	中心城	0.9％	21.2％	4％	6％	32.8％	35％
	全市	0.6％	16.4％	3％	7.9％	41.7％	30.4％
2005	中心城	4.8％	19.9％	8.6％	15.3％	23.2％	28.2％
	全市	3.1％	14.6％	6.5％	17.6％	29.3％	28.8％
2007	中心城	5.6％	18.7％	8.2％	16.6％	22.5％	28.4％
	全市	3.6％	13.3％	6.1％	19.7％	28.9％	28.4％
2009	中心城	8.7％	17.1％	8.8％	19.5％	19.5％*	26.5％
	全市	5.7％	12.9％	6.6％	20.0％	28.7％**	26.2％

注:①＊其中电(助)动车9.5％,自行车10.0％;＊＊其中电(助)动车15.2％,自行车13.5％。
　　②市区:所有城市建成区;中心城:外环路内的区域;全市:城市行政区域。
(数据来源:陆锡明.亚洲城市交通模式.上海:同济大学出版社,2009.)

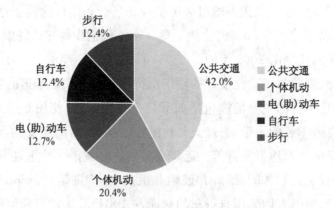

图5-1   上海第四次交通调查中心城居民通勤出行方式比例[②]

(数据来源:上海市城市综合交通规划研究所,2010)

---

① 上海市城乡建设和交通委员会,上海市城市综合交通规划研究所,上海市第四次综合交通调查办公室.上海市第四次综合交通调查总报告.2010-11.
② 原资料上合计为99.9％.

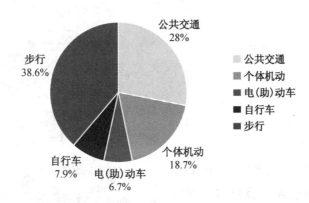

图 5-2　上海第四次交通调查中心城居民非通勤出行方式比例(2009 年)①

(数据来源:上海市城市综合交通规划研究所,2010)

而到 2013 年上海中心城区的非机动出行的比例下降到 16％,这其中还包括大量的助动车,实际自行车交通所占的比例已经下降到 5％ 以下(图 5-3)。

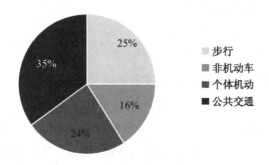

图 5-3　2013 年上海中心城区交通结构比例

5.2　有利于非机动化交通的城市空间结构

长期以来,上海中心城区具有用地功能混合度好、密度较高的特点,这也是吸引更多非机动化出行的重要原因。城市的空间结构对于非机动化交通的需求产生有引导作用,明显的例子是北京,一旦形成不利于非机动化出行的城市空间结构,将会非常难以进行调整。《上海城市交通白皮书》回顾指出,上海市的增长模式类似于东京,有着大面积、高密度的居住、办公混合区域,而不像伦敦和纽约,商务区内设施高度集中,但住宅区却分布广泛在郊区和新城区[2]。由于用地紧张,未来上海的发展仍将继续选择保持一定密度的方式,这就更需要与非机动化交通相呼应。

但是,近年来上海城市土地扩张非常迅速。城市的迅速扩张及土地使用政策皆有利于小汽车普及,这是导致近年来非机动化出行下降的最直接原因。上海城市建设用地从 2003 年的 783 km²,扩展到 2009 年的 2 220 km²。居住房屋面积从 1978 年的 4 117 万 m²,

———————————

① 原资料上合计为 99.9％.

增长到 2010 年的 52 640 万 m^2，增长到原先的 12.7 倍[3]。全市平均出行距离从 1995 年的 4.6 km 增加到 2009 年的 6.5 km，均超过了自行车半小时出行范围，长距离出行特征明显。城市扩张加快的同时，大量人口向郊区转移，2000 年后，随着上海中心城"双增双减"（增加公共绿地和公共空间，减少建筑容积率和建筑容量）和郊区新城新市镇的建设加快，人口分布呈现出从市区向郊区转移的趋势。由于就业仍集中在中心城区，随着居住的大量外移，使得被迫长距离通勤的状况很难以改变（图 5-4）。

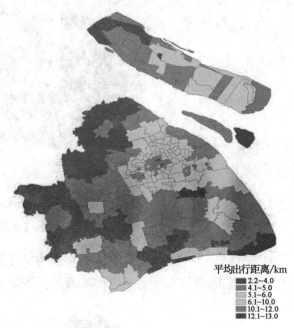

平均出行距离/km
- 2.2~4.0
- 4.1~5.0
- 5.1~6.0
- 6.1~10.0
- 10.1~12.0
- 12.1~13.0

图 5-4　就业出行距离分布（根据手机信令）

就当前来看，在城市中心和远郊区，出行的距离普遍较短，而在一些新扩展地区，人们的出行距离普遍长，这在浦东地区特别明显。

平均出行距离是研究交通和城市空间结构分布的一个重要的指标，通过进一步的分析发现我们更需要了解人们出行距离的分布。为此我们对上海浦东金桥地区进行了调查分析，从图 5-5 可见，即便是在位于浦东的金桥地区，仍有 40% 的就业出行距离在 5 km 以下。

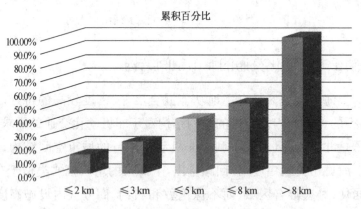

累积百分比

图 5-5　金桥地区居民就业出行距离累积分布百分比

城市开始被设计成有利于小汽车的出行，例如以保障小汽车的速度与通行能力作为城市交通规划设计的准绳，城市开发地块越来越大，封闭管理的城市地块，提供小汽车停车场的集中商业取代传统的沿街商业等。这些变化导致了上海城市空间结构越来越不利于非机动化出行，非机动化出行也就变得越来越不安全，非机动化出行环境迅速恶化。

除了城市规划与密度外,用地混合度也非常重要。由于非机动化交通的特殊性,使得不能用单纯机械的标准来组织非机动化网络,这一出行方式往往体现出与沿途街道特点或用地功能更强的结合性。针对自行车骑行者的研究表明,骑行者并不总是选择始发地和目的地之间最短的路线,而更可能选择带来其他利益的线路,如增加安全性或多样性[4-5],这一发现同样适用于步行者。如我们对卢湾地区的一项调查表明,由于用地混合度高,上海淮海中路街道通勤交通中非机动化出行的比例高达 52.6%。即便在中心城轨道交通网络密集,人们采用轨道交通门到门的平均出行速度仅为 11.85 km/h,这个速度并不比非机动车出行快(表 5-2)。

表 5-2　　　　　　　　　上海不同地带轨道交通出行门到门平均出行距离与速度

起讫点位置	距离/km	速度/(km·h⁻¹)
内环内	9.70	11.85
起点或迄点内外环之间	14.46	15.71
起点或迄点在外环外	19.00	16.80

这是由于在起点和终点,人们必须步行或通过其他交通方式到达车站,或从车站到最终的目的地。南京有几位记者亲自进行了比较,在不考虑从起点到车站的出行时间,在市区内骑车与乘公交车的时间基本一致①。

然而,随着居住区大量外迁,上海城市中心区功能混合度减少,居住远离市中心,使得出行距离太远以至于市民很难选择以非机动化交通为主的出行方式,而外围的居住用地由于普遍采用单一功能大街区门禁社区形式,使得绕行距离加大、骑行、步行与生活活动脱离。

上海已进入老龄化社会,面对老龄化的趋势,非机动交通空间不仅是一般市民上班和日常生活的重要通道,也是老年人代步出行的必要空间载体。我们首先要保证非机动车出行的权利。

特别是在城市中心地区开发强度大、人口密集、出行距离短,非机动车交通有其固有的优势所在。小路网,小街区设计显然更有利于非机动化交通,城市中心区道路速度的控制,安全便捷的停车将会更有助于非机动车的使用。因此,对于未来的上海,调整并形成有利于非机动化的城市空间结构是建设非机动化友好城市环境的前提。

5.3　鼓励非机动化交通抑制机动化

随着社会经济的发展,居民希望提高出行机动性的需求将越来越强,小汽车拥有率的增长是必然的,但居民大量使用小汽车的状况一旦形成,便很难扭转,城市空间的开发模式也只能延续依赖小汽车发展的模式,不利于城市的可持续发展。根据日本城市

---

① 潘海啸:《电动车效率是公交车两倍》,http://www.evtimes.cn/html/201110/33108.html.

2011年的交通调查,步行与自行车与小汽车的使用呈现明显的负相关关系,所以步行和自行车的普遍使用是有效抑制小汽车过度依赖的有效手段(图5-6)。

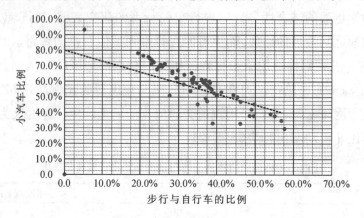

图5-6　日本城市步行自行车使用与小汽车的比例关系

由于城市空间的有限性,以及对于城市道路、空间使用要求的巨大差别,使得城市针对机动车交通的政策对于城市非机动化交通的影响也是非常巨大的,一个微小的对于机动车交通发展的政策都有可能敏感地影响到非机动化交通的生存。这也是为什么在白皮书回顾中,花费大量的笔墨陈述一定需要限制机动车的发展。在上海,从20世纪80年代起上海的城市交通政策就明确了对小汽车使用的控制。2002年,上海颁布的《上海市城市交通白皮书》(2002)就提出了:"保障步行交通、引导自行车合理运行、促使助动车向公交转移"的非机动化交通发展目标。在《上海市城市交通白皮书》(2002)与对其评估的过程中,经过专家与政府部门的反复讨论,形成一种共识,这就是上海城市交通没有能力适应小汽车的增长、上海城市交通没有必要适应小汽车的增长、上海城市交通不能够去适应小汽车的增长[3]。

但是对于白皮书执行上的不力导致了非机动化出行环境的恶化。白皮书提出在抓紧城市非机动化交通网络建设的同时,逐步将"三横三纵"主干道上的非机动车道改为公交专用道[6]。但是实际上更多的精力被放在了将非机动车请出主干道的工作上,至少应当同时建设的城市非机动化交通网络并没有实质性的进展。

此外,曾经对控制上海机动车数量行之有效的机动车牌照拍卖与高额停车收费标准政策正逐渐失去效用,随着机动车数量控制政策的失控,越来越多的机动车占据了大量的道路空间,首先侵占的就是自行车道与人行道,同时产生大面积的拥堵。长年畅通工程为先的政策导向更加大了这种不公平,因为评判的唯一标准是机动车行驶的畅通程度。而调查显示2009年上海私人小汽车5 km以下行程所占比重高达15%。在荷兰,大力发展自行车交通已经成为一项国策,国家的自行车总体规划中明确写明:"5 km以下的出行尽可能放弃使用机动车而改用自行车,从家到轨道交通车站,自行车是最合适的交通工具[7]。"

对机动车交通控制不力对于非机动化交通的另一个影响是带来严重的安全问题。

上海自行车车道通行缺乏连续性,60%干道缺乏物理机非隔离设施。车道愈来愈多而自行车道愈来愈窄,快速路与日俱增而自行车道日渐减少,大量人车冲突随之而生[8]。2001—2007 年有超过 4 万名行人和骑车者因交通事故受到伤害,日均至少有 1 名步行者与 1 名骑车人丧生、5 名步行者与 8 名骑车人受伤,远高于机动交通方式[9]。

5.4　非机动化友好的道路网络建设

非机动化友好的道路网络建设是形成非机动化友好城市环境的主体工作。从上海的情况来看,虽然早在白皮书时代就已提出对于非机动化出行环境建设的要求,但执行上的不力也导致了非机动化出行环境的恶化。如白皮书提出在抓紧城市非机动化交通网络建设的同时,逐步将"三横三纵"主干道上的非机动车道改为公交专用道[6]。但是实际上更多的精力被放在了将非机动车请出主干道的工作上,从而道路空间完全向机动车使用倾斜,让机动车得到更大的路权,非机动车则完全被挤出了这些曾经长期提供上海最快速、最安全分离式自行车道和最充足骑行空间的道路。这一政策随后更扩展到上海其他主干道上,从而严重影响自行车出行的整体环境。如前文所述从 2005—2009 年,上海中心城区非机动车出行比例从23.2%下降至 19.5%,年均降速高达4.4%,2009 年上海中心城 10%的干道禁止非机动车通

图 5-7　步行空间被占

行[10]。步行道路网络亦不容乐观,城市道路扩张直接的影响往往是缩减人行道宽度(图5-7),甚至在一些地区其建设之初就没有认真考虑步行的便利性,如浦东陆家嘴 CBD 核心区域一度是行人非常不便的区域,近期才通过补建环型人行天桥改善步行道路网络建设(图 5-8)。很遗憾的是同样的问题在虹桥枢纽商务区的开发中再次出现。

图 5-8　陆家嘴步行天桥

不同于城市其他交通方式,非机动化道路网络不仅包括市政道路,还包括更多的城市通道(图 5-9)、公园道路,从而形成众多的非机动化捷径,正是这些捷径的存在提升了非机动化交通的竞争力,优化了非机动化出行环境,比如上海静安寺地区的步行通道系统(图 5-10),充分利用了静安公园内的道路(图 5-11),形成舒适、安全、尺度宜人的步行捷径。

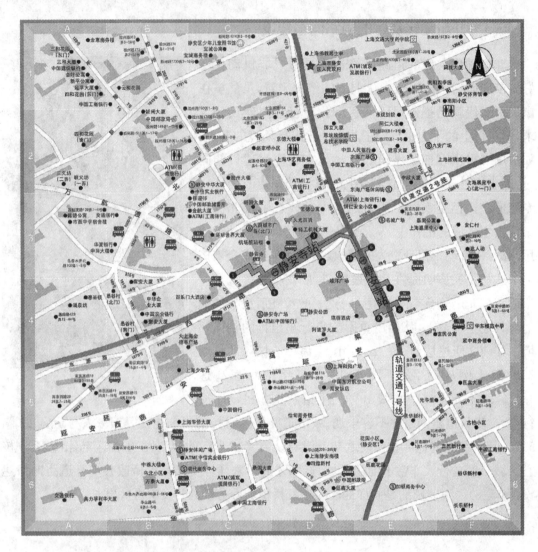

图 5-9 静安寺地区轨道交通与交通网络

对于非机动化网络,另一个需要注意的问题是应尽量减少绕行,超出市民承受水平的绕行往往会大大影响非机动化出行感受,恶化非机动化出行环境。如徐家汇中心区步行系统的建设存在指示不明的问题,从而使步行者产生间接被动绕行(图 5-12)。在笔者 2005 年进行的一项调查中,仅 26% 的调查对象选择使用地下通道从下图左方点步行至下图右方点,相较于仅 210m 的地下通道,更多的步行者选择 521 m 的绕行天钥桥路天桥的路线(下图中浅色线路)。

图 5-10　静安寺的步行通道

图 5-11　开放的静安公园

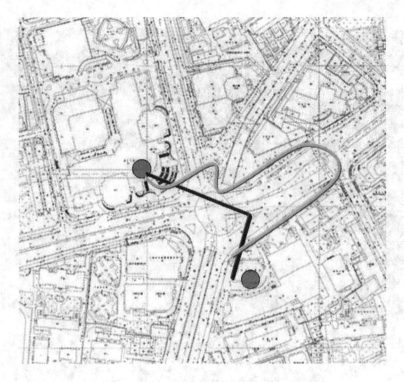

图 5-12　上海市徐家汇中心区步行绕行比照

　　自行车方面,以五角场改造为例,如图 5-13 所示,五角场环岛中心区全部禁非,虽然示意图号称可以通过非机动车推行实现中心区域的非机动车可达,但是这是骑行者完全不会采用的方式。通过测量比较,骑行者绕行比甚至超过 3,加之对于最短绕行路线的信息缺失,骑行者实际绕行路线可能更长(表 5-3)。

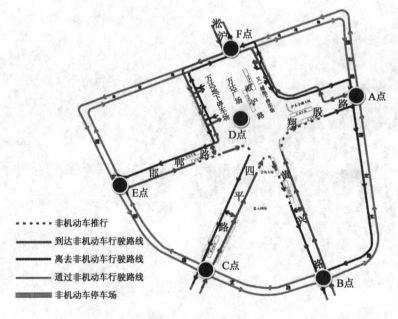

图 5-13　上海市五角场自行车绕行比照参考点位置

表 5-3　　　　　　　　　　上海市五角场自行车绕行距离比较

出行类型	出行起讫点	绕行增加距离/m	绕行比
到达核心区	A 点至 D 点	1010	3.13
	B 点至 D 点	876	2.10
	C 点至 D 点	324	1.39
穿行	B 点至 F 点	656	1.62
	E 点至 A 点	873	1.78

对于非机动化道路的管理与保障同样非常重要。根据 2006 年编制的《上海市中心城非机动车交通规划》,将在 2020 年打通、加宽、完善 13 纵 12 横自行车廊道[11]。2011 年,有报道称上海将加紧制订自行车专用道的规划方案。但早在 2005 年,上海市杨浦区政府斥资 500 万元,在同济大学至复旦大学间建起了一条全长近 2 km 的绿色非机动车道。这是上海市第一条采用环氧树脂技术的车道,车道材料面薄、防滑、绿色,可有效降低交通事故的发生频率。但是这条自行车专用道同济大学段如今已被改成了小汽车路内停车场地,而地面绿色的专用道标识仍然清晰。曾经自行车流如织的同济—复旦自行车小道现使用者寥寥(图 5-14)。如果不从观念的改变入手,那么就算是引进任何先进的技术、设施或者设计,也会转眼间就完全走样。

图 5-14　连接同济大学与复旦大学的自行车专用道同济大学段

反观另一项在上海市中心采用的单行道路系统中的自行车双车道措施,虽然最初的重点并非是给人们骑车,但是实际效果并不亚于自行车专用道网络,大大加强了这些地区的自行车出行的便利(图 5-15)。

在建设上海低碳城市的新时期建设目标下,来自各方的声音均表示将在未来改变非机动化交通的不利局面。如 2010 年底上海市政管理部门表示,完善能满足市民多样化出行需求的道路交通体系将成为后市道路管理的重点。在"十二五"期间除了将继续发展公交优先,上海还将继续推进非机动化交通,其中包括规划内环线沿线、三纵三横主干道区域以及中环线区域的非机动车道[12]。

图 5-15　上海市原卢湾区单行道路网络中的双向自行车道

5.5　自行车与快速公共交通的衔接

非机动化交通友好的城市环境更能够有助于公共交通优先的城市结构的建立。尤其是自行车交通与公交的结合,采用"自行车＋公交枢纽"的服务方式,可以扩大公交枢纽的服务半径,从而可以节约高等级公共交通的设施建造,以较经济的公交设施服务更广大的城市区域[13]。上海正在加速建设中国最大的城市轨道交通网络,如果能将轨道交通网络和自行车体系结合,可以大大扩大轨道交通网络的服务范围,那么对于整个城市来说无疑可以在同样的轨道交通系统规模下大大扩大轨道交通的服务范围,既节省资金提高系统效能,又能惠及更广大的城市居民。参考荷兰的数据,超过30％的所有出行和大约1/4去轨道交通车站的出行者都是骑自行车的。尤其是在上海外围地区的轨道交通站点周边,因为公共交通在城市外围服务水平不足,更应大力鼓励自行车方式换乘,以提高轨道交通站点的服务能力及其可达性(图 5-16)。

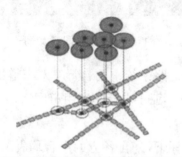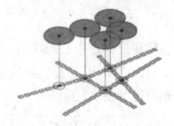

步行服务半径组织的公交系统更多的设施　　　自行车服务半径组织的公交系统

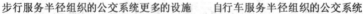

图 5-16　自行车＋公交枢纽可以减少公交网络的规模,提高系统效益

从传统意义上来说,自行车与公共交通之间存在"争夺区",但是薛松的研究表明,不能单纯从传统的距离圈层概念理解自行车与公共交通的竞争[14]。虽然,中国城市积

极推进公交优先的发展战略,但是在城市中心区,公交服务的不足仍是事实,由于受线路网络特性限定,公交服务集中在其客流走廊站点周边一定区域,导致公交服务空缺的扇面地区的形成。通过发展自行车交通,一方面在公交服务不足的扇面区域提供一种绿色出行方式的选择;另一方面通过与公共交通的有效衔接,提高公共交通的服务能力的同时,提高整体的绿色出行比例。在荷兰的 Houten,专门设计的轨道与自行车的换乘设施可以容纳 2 000 辆自行车,并有修理和自行车出租的服务(图 5-17)。如果改为2 000个小汽车的停车位,停车楼的面积就要达数万平方米,再加上进出道路的设置,站点附近的大量空间将得不到有效利用。巴黎公共自行车系统的引入,改善城市中心区轨道交通过度拥挤的问题。所以,自行车的作用不仅仅是最后一公里或地区性短距离交通的问题,自行车是绿色多模式平衡型交通系统中不可或缺的一个平衡器。

图 5-17　荷兰 Houten 自行车与轨道的换乘

但是上海的公交政策并未很好地考虑与自行车交通的有效结合,对于许多地方非机动车停车换乘的设施供应严重不足,对于停放站点的自行车辆也未辅以足够的安全保障措施,因此自行车公共换乘比例连年下降。以轨道交通为例,由于站点非机动车停车面积不足等原因,上海轨道交通乘客接驳方式选择为非机动车方式的比例由 2004 年的 7％下降到 2009 年的 5％[10]。在上海的三个地铁站的问卷调查的结果除了莘庄站为 10％①以外,其余两个站点均小于 5％(表 5-4)而东京为 19％。因此,我们建议非机动车的停车设施应该成为轨道交通站点设计的一项基本设施配置。

―――――――――――――

①　莘庄站设有上海最大的公共自行车租赁点,因此自行车使用比例明显高于另两个站点。

表 5-4　　　　　　　　　　　　　上海三个地铁站问卷调查结果汇总

	使用自行车方式到达地铁站的比例
共富新村	4.15%
九亭	4.51%
莘庄	10.32%

5.6　公共自行车与电动自行车

为了解决最后一公里的问题,提高城市外围地区居民的绿色出行,强化正规的交通服务管理,许多地区开展了社区公交的建设,但社区公交也不可避免地存在服务水平、补贴成本和客流在平峰和高峰时期严重不均衡的问题。在一些社区公共交通服务比较差的地区,黑车和非正规的客运服务到处可见,虽然有关部门不断加强控制的力度,但由于客观的服务需求与服务供给之间的矛盾,这个问题很难解决。上海市闵行区政府通过用地、市政、组织、宣传等多方面的政策扶持,于 2008 年起,与上海永久自行车集团合作建设免费的公共自行车服务系统,特别是在轨道交通站点的公共自行车服务大大方便了人们的换乘。这一系统的出现为宣传绿色出行理念、鼓励更多的市民选择非机动化交通方式创造了机会。2009 年 3 月开始运行到 2012 年中,闵行区范围内共设置了 594 个公共自行车站点,投放 1.9 万辆公共自行车。站点全部实现 24 小时无人值守服务,该区居民的办卡人数已超过 23 万人。计划于 2015 年系统扩容到达 3.5 万辆[15]。公共自行车的出现也在改变着闵行市民的出行行为,对于闵行公共自行车使用者的调查表明,55% 的被调查者经常使用轨道交通与公共自行车接驳进行通勤。40% 的使用者原先使用公共汽车,8.3% 的使用者原先使用其他有动力(包括小汽车)出行方式。可见公共自行车可以很好地补充城市外围地区公交服务水平不足的缺陷[16]。由于公共自行车的引入,短途公共交通出行的需求将会大大减少。

但是调查也发现闵行公共自行车系统潮汐特征明显,分别在早、晚高峰时段出现无空位存车或无车可借的情况。且调查显示出行目的过于单一,高度集中的通勤目的更加剧了早晚的潮汐性。这些问题长期累积会影响公共自行车系统的服务水平,不利于自行车交通的整体发展[17]。

发展公共自行车作为轨道交通的接驳工具,降低交通能耗,正是有利于鼓励非机动出行、绿色出行的重要机会。但是,对于公共自行车系统目前仍缺乏系统的研究,也没有将其发展纳入到相应的非机动交通系统规划中来。在管理方面,如果可以实现公共交通与公共自行车一体化收费,并享受折扣优惠,将可以大大提高公共自行车系统的竞争优势。公共自行车应该成为上海自行车文化复活的触媒。将非机动车和公共自行车纳入到统一的城市非机动化交通政策中。

上海已有大量的自行车,如何找到让人们更愿意使用自己自行车的办法? 随着城市的发展,居民的出行距离不断增长,单纯的自行车出行在舒适和高效方面已无法满足居民需求,要想保持自行车的出行比例,需要对自行车的使用方式进行创新,在保证安全的前提下,电动自行车在减少能源消耗,二氧化碳排放和方便灵活方面优势明显。

5.7　培养非机动化文化

上海的经验表明,对于"非机动化文化"认同的改变远较于物质环境建设难度更大,有赖于长期的宣传与教育。如尽管《上海市城市交通白皮书》(2002)认识到非机动化的重要与普遍性,并且也提出了以上不错的具体建议,但设定目标时,仍提出全市自行车绝对数量在 2000—2005 年间减少 25%,并且也没有将自行车作为一种交通模式包含在预测的交通模型中[6]。而事实是上海自行车出行的绝对量从 1995 年至 2004 年平均年增长 9%[18]。造成《上海市城市交通白皮书》(2002)预测发生严重错误的原因可能是长期存在的一种观点,认为对于骑自行车和助动车的人,尽管公交车实际上又慢又不可靠,尽管他们也并不贫穷,只要能够负担得起,他们就会转为使用公共交通。另外,对于当时的交通管理者而言,非常期望自行车将会消失并不再对其他交通流产生干扰。从而得出这样一个结论:自行车已过时并会马上消失[2]。在步行方面,正是由于对步行出行的长期不重视,使得许多人行道一退再退,人行道内随意侵占现象严重。

有利于城市用地更紧凑发展的 3S(small size, slow speed, short range)车辆与干线公交的衔接是未来城市绿色交通的发展方向。这样我们既可以保证长距离出行的集约性,有可以保证近距离出行的灵便性,另外也有利于较少能源消耗和二氧化碳的排放。

面对老龄化的趋势,非机动交通空间不仅是一般市民上班和日常生活的重要通道,也是老年人代步出行的必要空间载体。我们首先要保证非机动车出行的权利。特别是在城市中心地区开发强度大、人口密集、出行距离短,非机动车交通有其固有的优势所在。

小路网,小街区设计显然更有利于非机动化交通,城市中心区道路速度的控制,安全便捷的停车将会更有助于非机动车的使用,特别非机动车的停车设施应该成为轨道交通站点设计的一项基本设施配置。

随着人们出行距离的增长,在保证安全的前提下,电动自行车在减少能源消耗,二氧化碳排放和方便灵活方面优势明显。

5.8　参考文献

[1] SHAUNNA K B, KONSTADIONOS G G. Evaluating the impact of neighborhood trail development on active travel behavior and overrall physical activity of suburban residents[J]. Transportation Re-

search Record，2009，45(2135)：78-86.

［2］Shanghai Transport White Paper Review 2005［R］. Colin Buchanan & Partners Ltd，2005.

［3］潘海啸.上海城市交通政策的顶层设计思考［J］.城市规划学刊，2012，1：102-107.

［4］DUNCAN MJ，MUMERY W K. GIS or GPS? A comparison of two methods for assessing route taken during active transport［J］. American Journal of Preventive Medicine，2007，33(1)：51-53.

［5］ELGETHUN K，YOST M G，FITZPATRICK CT，et al. Comparison of global positioning system (GPS) tracking and parent-report diaries to characterize children's time-location patterns［J］. Journal of Exposure Science and Environmental Epidemiology，2007，17(2)：196-206.

［6］上海市人民政府.上海市城市交通白皮书［M］.上海：上海人民出版社，2002.

［7］李伟.步行和自行车交通规划与实践［M］.北京：知识出版社，2009.

［8］熊文，陈小鸿.城市交通模式比较与启示［J］.城市规划，2009，33(3)：55-66.

［9］熊文.城市慢行交通规划：基于人的空间研究［D］.上海：同济大学，2005.

［10］上海市城乡建设和交通委员会，上海市城市综合交通规划研究所，上海市第四次综合交通调查办公室.上海市第四次综合交通调查总报告［R］.2010.

［11］徐建刚.低碳视角下城市交通出行空间环境的创新设计［J］.城市交通，2010，8(6)：54-60.

［12］潘海啸.中国城市自行车交通政策的演变与可持续发展［J］.城市规划学刊，2011，4：82-86.

［13］潘海啸，汤諹，吴锦瑜，等.中国"低碳城市"的空间规划策略［J］.城市规划学刊，2008，6：57-64.

［14］薛松.自行车与轨道交通换乘的研究［D］.上海：同济大学，2009.

［15］上海市公共交通行业协会.闵行区公交系统及共自行车评估——公交自行车评估报告［R］.2011.

［16］汤諹.公共自行车与轨道交通结合的机动性创新项目——上海市城市外围地区案例［J］.城市交通，2010，8(6)：34-39.

［17］TANGyang，PANhaixiao，SHENqing. Bike-sharing systems in Beijing，Shanghai and Hangzhou and their impact on travel behavior［C］//The 90th TRB annual meeting. Washington，USA. 2011. 1.

［18］陆锡明，薛美根，朱洪.上海市第三次综合交通调查报告［R］.上海：上海市城市综合交通研究所，2005.

第6章
低碳节能居住区和街区的设计

除了城市形态结构,居住区和街区的设计与碳排放也存在紧密的关系。设计的尺度和配套都有形或无形地引导居民是否采取低碳的出行和生活方式。低碳的理念渐渐从宏观延伸到社区层面上。美国绿色建筑委员会(US Green Building Council),新城市主义协会(The Congress of New Urbanism)以及自然资源保护委员会(The Natural Resources Defense Council)联合编制了绿色低碳社区发展评估系统(LEED-ND Leadership in Energy and Environmental Design for Neighborhood Development),整合了精明增长,新城市主义,绿色建筑等的理念和原则,成为第一个国家级绿色社区规划设计标准。美国能源基金会与设计公司编制了《低碳社区设计导则》,探索了营造宜居、低能耗、低排放的设计方法。其主要内容包括:设计适宜步行的街道和人性尺度的街区强化步行交通,将人行安全和便捷的需求纳入到建筑设计中,营造便于自行车交通的路网来降低机动车需求,建造以公交为导向的街道和社区来增加公交使用率,提倡混合型土地利用模式来增加出行目的地,在步行范围内设置公共绿地以及公共服务,建设节能建筑和社区降低二氧化碳排放。[1]

2009 年中国城市科学研究会公报《中国低碳生态城市发展战略》来探讨低碳城市规划指标评价体系框架。随着上海的城市扩张和人口密度增加,本章就探讨居住区和街区设计从形态到配备如何受到城市高速发展而改变,以及评价其设计演变与低碳城市理念是否一致。另外本章也进一步研究了目前上海轨道交通站点的社区,并分析它们与轨道交通站点的衔接现状,探讨现在的规划是否符合低碳社区概念,最后为低碳节能居住的评价指标提出一些新思路。

6.1 上海居住区发展的演变

随着改革开放的深入和住宅商品化的发展,1996 年上海市人均居住面积 8.7 m^2,2010 年上海城镇居民人均居住面积增至 17.5 m^2,家庭结构小型化,户均人口逐年减少(图 6-1)。

在图 6-2 和图 6-3 中分别描述了两个主要变化:①上海中心城区于 1947—1988 年期间,居住区内功能混合程度上升,但直到商品房的大量出现居住功能再一次回归单一。②居住区内部用地混合结构转变。于 1988 年期间,居住大部分与工业混合。于

1988—2000 年期间,居住区主要与市政商服用地组合所构成。[2]

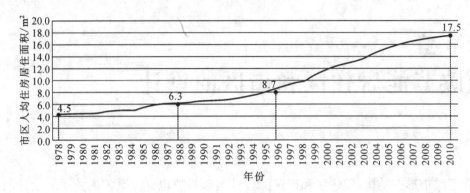

图 6-1　市区人均住房居住面积变化(1978—2010 年)

(资料来源:上海统计年鉴 2011)

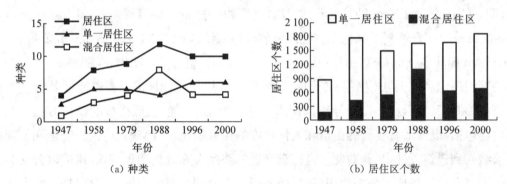

（a）种类

（b）居住区个数

图 6-2　上海中心城区居住种类与街区个数变化(1947—2000 年)

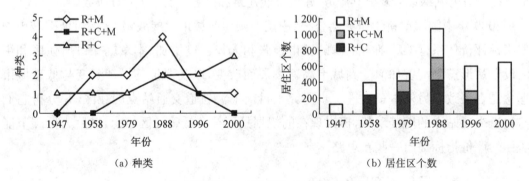

（a）种类

（b）居住区个数

R-居住用地;M-工业用地;C-市政商服用地

图 6-3　上海工业居住混合与商住混合区种类与街区个数变化(1947—2000 年)

　　人均住房面积不断地增加体现上海居民居住质量正在不断提高。政府的大力旧区改造和动迁工作功不可没,居民住房成套率达到 95.6%。旧城区可用的土地越来越稀缺,并且土地价格和拆迁成本迅速攀升,从 20 世纪 90 年代中后期开始,城市住房建设大规模向郊区拓展。与此同时,随着私人小汽车迅速进入家庭,中高收入者获得了前所未有的活动半径,推动了住房郊区化进程。

《城市居住区规划设计规范》(以下简称《规范》)是这一时期指导上海居住区建设的一个官方技术基础文件。下面我们通过与美国《绿色低碳社区发展评估系统》内容的比较,分析这个《规范》对低碳城市建设的可能影响。

6.2　中美规范与导则的比较

1988 年,为了保障居民基本的居住生活环境,经济、合理、有效地使用土地和空间,提高居住区的规划设计质量,建设部会同有关部门共同制定的《城市居住区规划设计规范》(GB 50180—93)为强制性国家标准,自 1994 年 2 月 1 日起施行。它要求各地规划局都应严格按照《规范》审批住宅建设方案。地方法规与《规范》冲突时,应遵循《规范》的有关规定。然而,随着住宅商品化的发展,《规范》中不完善的地方逐步开始显露,有些条款已不能适应新形势的要求。因此,在 2002 年,中国城市规划设计研究院会同有关单位对《规范》(GB 50180—93)进行了局部修订。《规范》虽毋庸置疑保证了居民的生活质量,但从低碳生活角度去评价,《规范》又是否滞后呢?

6.2.1　相关内容

美国《绿色低碳社区发展评估系统》对低碳评估总共有四大范围:区域位置和于周边地区连接性,社区形态和设计,绿色建筑和创新设计。

总分是 110,获评为低碳社区的最低要求是 40 分,以下针对了前两个范围总结了哪些《规范》内容是对应了美国《绿色低碳社区发展评估系统》中低碳社区的指标(表 6-1)。

表 6-1　　　　　《规范》与美国《绿色低碳社区发展评估系统》内容对比[①]

		《绿色低碳社区发展评估系统》	《规范》
区域位置和与周边地区连接性(最高 27 分)			
(必须符合)	精明选址	位于已建城市,以往曾开发的地皮,或是邻近已开发地块,与交通配套拥有良好的连接	没有
(必须符合)	濒临物种和生态群落保护	在没有濒临绝种生物的地方发展,如果发展地方有这类生物必须建立生态保护计划	1.0.5.3 综合考虑所在城市的性质、社会经济、气候、民族、习俗和传统风貌等地方特点和规划用地周围的环境条件,充分利用规划用地内有保留价值的河湖水域、地形地物、植被、道路、建筑物与构筑物等,并将其纳入规划
(必须符合)	湿地,水体保护	保护水质,生态多元化,禁止或减低对其开发,如果要进行开发必须符合国家指导	
(必须符合)	农田保护	保护农地独有的土壤,禁止或减低对其开发,如果要进行开发必须符合国家指导	

---

①　Congress for the New Urbanism, Natural Defense Council, and the U. S. Green Building Council(2011), LEED 2009 for Neighborhood Development Rating System.

中华人民共和国建设部,《城市居住区规划设计规范》(GB 50180—93)。

续表

		《绿色低碳社区发展评估系统》	《规范》
(必须符合)	避开洪防区域	在不受洪水泛滥威胁地皮开发,如果要进行开发必须符合国家指导	1.0.5.4 适应居民的活动规律,综合考虑日照、采光、通风、防灾、配建设施及管理要求,创造安全、卫生、方便、舒适和优美的居住生活环境
得分(最高 10 分)	最佳选址	社区内越接近其他社区,包括已被开发社区越多,包括路口数量越多,得分越高	没有
得分(最高 2 分)	棕地再开发	位于废弃地(1分),尤其是国家重点处理(2分)	没有
得分(最高 7 分)	选址减少小汽车的依赖	公交服务越高,车辆英里程比区域越低,得分越高	没有
得分(1分)	自行车网络和停放系统	在 400 m 范围内与自行车网络连同到设定的用地	表 6.0.5 配建自行车,非机动车停车位控制指标
得分(最高 3 分)	职住平衡	在 800 m 范围内有同等或大于居住单位数目的就业岗位,具备低收入房屋可获最高分数	没有
得分(1分)	保护坡地	不能在坡度高于 15% 的地方建房,如需要就必须种植适量的野生植物来保护斜坡	1.0.5.3(同前)
得分(1分)	栖息地,湿地,水体保护设计	于没有栖息地,湿地,水体的地域动土	没有
得分(1分)	栖息地,湿地,水体保护修复	动土前修复曾被人类破坏的天然栖息地,湿地,水体	没有
得分(1分)	长期管理维护栖息地,湿地,水体	策划长期(至少 10 年)管理维护栖息地,湿地,水体,保证有足够的财政能力和专业人员的参与	没有
住区布局和设计(最高 44 分)			
(必须符合)	适合步行街道	提供鼓励步行的街道环境,确保行人安全和舒适度,按照规范指标	4.0.1.3 合理组织人流
(必须符合)	紧凑发展	位于公交走廊,项目内的不同土地使用必须达到规定的容积率	没有
(必须符合)	社区的内部连通性和外部联系	鼓励在已建社区内发展,采用多元化交通工具和步行,在社区的 400 m 范围内具备至少 90 个路口	4.0.1.3 合理组织人流、车流和车辆停放,创造安全、安静、方便的居住环境
得分(最高 12 分)	适合步行街道	提供鼓励步行的街道环境,确保行人安全和舒适度,一共有 16 个评价指标,设计符合指标越多得分越高	没有

续表

得分		《绿色低碳社区发展评估系统》	《规范》
得分 (最高 6 分)	紧凑发展	位于公交走廊,项目内的不同土地使用必须达到规定的容积率,容积率越高得分越高	没有
得分 (最高 4 分)	混合功能的邻里中心	社区混合性越高得分越高	2.0.13 配建设施与人口规模或与住宅规模相对应配套建设的公共服务设施、道路和公共绿地的总称。
得分 (最高 7 分)	不同收入阶层的住区	住宅种类混合性,种类越多元化得分越高	1.0.3a 居住区的规划布局形式可采用居住区—小区—组团、居住区—组团、小区—组团及独立式组团等多种类型
得分 (1 分)	减少停车面积	停车位位置不影响步行环境	4.0.1.3 合理组织车辆停放,创造安全、安静、方便的居住环境
得分 (最高 2 分)	街道网络	在 1 600 m² 范围内有 300～400 街道口(1 分) 在 1 600 m² 范围内有多于 400 街道口(2 分)	2.0.7 道路用地(R03) 居住区道路、小区路、组团路及非公建配建的居民汽车地面停放场地。居住区内道路分级路面宽度
得分 (1 分)	公交设施	提供安全、舒适、便利的公交等候站点来鼓励公交使用。提供保险的自行车仓储设施	4.0.2.4 注重景观和空间的完整性,市政公用站点等宜与住宅或公建结合安排;供电、电信、路灯等管线宜地下埋设
得分 (最高 2 分)	交通需求管理	实施交通需求管理计划,提供公交补贴,开发商资助的交通配套,共享汽车	没有
得分 (1 分)	公共空间可达性	在 400 m 步行范围内提供公共空间鼓励社区内的社交,公共参与和户外活动	附表 A.0.3 公共服务设施各项目的设置规定
得分 (1 分)	娱乐设施可达性	在规定的步行范围内根据居住单位提供一定规模的室内游乐设施	附表 A.0.3 公共服务设施各项目的设置规定
得分 (1 分)	人性化设计	提供微观的人性化设计改善生活质素	1.0.5.4 适应居民的活动规律,综合考虑日照、采光、通风、防灾、配建设施及管理要求,创造安全、卫生、方便、舒适和优美的居住生活环境
得分 (最高 2 分)	社区活动参与	鼓励居民,物业业主,商业雇主和员工,地方政府官员之间的接触	4.0.1.1 方便居民生活,有利安全防卫和物业管理; 4.0.1.2 组织与居住人口规模相对应的公共活动中心,方便经营、使用和社会化服务

续表

		《绿色低碳社区发展评估系统》	《规范》
得分 （1分）	地方吃材生产	在社区内本地种植新鲜有机蔬菜	没有
得分 （最高2分）	绿树成荫的街道	减低热岛效应和改善步行环境	7.0.2.3 绿地率：新区建设不应低于 30%；旧区改建不宜低于 25%。
得分 （1分）	住区学校	在规定的步行范围内根据居住单位提供学校	附表 A.0.3 公共服务设施各项目的设置规定

6.2.2　比较的基本结论

总结以上对比，虽然美国的《绿色低碳社区发展评估系统》跟我国的《规范》标准和准则出发点不一，但共通之处却不少，只是《规范》中的内容没有直接从低碳的角度考虑。由于美国与中国在环境和人口分布上不同，有些指标也不适合直接作为中国社区的低碳指标，却具备参考价值，比如适宜步行街道和减少小汽车的依赖等的指标，这些在《规范》中是缺失的。

6.3　案例分析

2011 年，临港新城被确定为上海市首批 8 个低碳发展实践区之一。本案例以上海市临港新城为例，重点探索总体规划和详细规划层面的低碳城市形态和土地利用空间规划策略。图 6-4 为临港新城土地使用规划图。

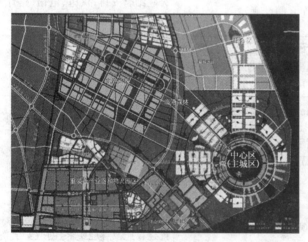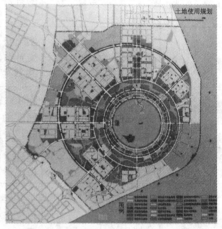

图 6-4　临港新城土地使用规划

6.3.1　低碳视角下的临港新城规划评估

2001 年编制临港新城总体规划时，经过国际方案征集，最终确定以德国 GMP 公司提出的理想田园城市形态方案入选，住宅以低强度开发为规划理念。之后，临港新城从最初规划人口 30 万增加到现在的 45 万人口，城市容量和尺度的变化对总体规划影响巨大，尤其是低碳发展理念和土地集约利用政策使得高强度、高密度的开发观念逐渐影响到原有的规划理念。居住岛,城市公园带,一环商业区等功能分区用地功能相对均质、单一和孤立,居住岛空间尺度过大,建筑容量较低,容易形成大街区,内部功能只是为居住,对混合用地、娱乐休闲购物及就业岗位提供等考虑较少,从而增加了不同功能的距离,不利于步行、自行车出行和公交组织,最终导致依赖小汽车。此外,从现状绿地,城市公园带,环湖景观带的建设情况来看,单纯大面积绿地建设造成土地的粗放利用,同时影响城市功能和交通组织产生阻隔(图 6-5)。上述问题与低碳城市提倡的紧凑式空间格局,绿色交通理念之间如何协调有待进一步探索。

图 6-5　临港新城建设

6.3.2　街区尺度与短路径出行

居住区用地规模不宜过大,应尽量避免出现大街区,采取适合行人与自行车使用的较小地块尺度,从而减少对小汽车的依赖,提高短距离出行比例。尽量改善大尺度用地分区带来的功能过分单一的缺陷。同时,居住区土地使用要多元化,除了居住用地以外,要提高办公,零售商业,医疗,文教,娱乐等公共设施用地比例,通过土地混合使用,争取达到居住与公共配套设施的平衡,满足居民多样化的生活需求,减少长距离出行带来的更多碳排放量。此外,居住区公共配套设施布局要充分考虑与公共交通的衔接,避免在公共交通服务水平低的地区建设城市公共设施,同时根据地块差异适当考虑公共设施的灵活配置。

临港新城限价商品房所在地块控详规划调整过程中,通过增加小区道路网的密度,将原来尺度较大的居住用地分割成若干尺度较小的地块,同时采取混合用地布局形态,增加了公共设施的面积,并对原规划公共配套设施的空间重新进行了调整,以提高短距离出行的可达性,体现低碳城市规划的理念。

为了评估土地使用规划是否能达到其低碳理念,《后评估》把中心城分为单元,对单元制定性质与规模控制指标,开发强度控制,公共服务设施控制,道路交通设施控制与市政设施控制。在保持各类控制用地指标社区总量不变的基础上,可对单个单元的指标进行调整,而且分区规划对公共设施的结构进行细化,按不同单元的特质做出合理的配置,临港新城的规划是目前提出的节能,要求零污染,是将城市交通理论提高到一个新高度(图 6-6)。在规划上除了注重社区合理公共配备,也在交通规划上重视非机动化交通和换乘枢纽设施。但对照《绿色低碳社区发展评估系统》,我们可以看到对低碳发展的考虑既有先天不足,也有评价指标的缺乏。

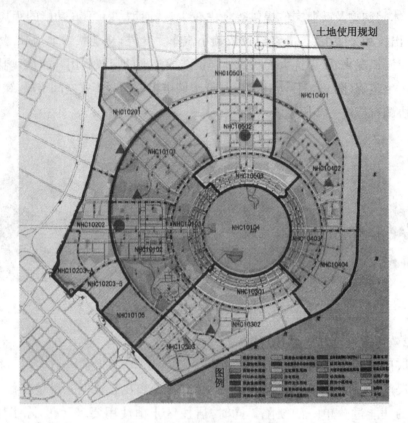

图 6-6　临港新城编制单元规划

居住区的选址,社区结构与密度对城市能源及二氧化碳排放起了关键作用。紧凑的空间结构,公交系统和步行优先都是在空间规划上对推行低碳城市具有重大意义的。目前的《规范》比较关注公共配套,道路与居住人口的比例,以及一些指导性的指标来确保居民的生活水平得到保障,但没有提出直接针对低碳的内容。

6.4　轨道交通站点社区的研究

轨道交通站点在特大城市地区中的空间位置是多种多样的,但总体可以分为两类:

(1) 位于中心城区的站点,在特大城市的中心城区,土地城市化程度高,人口密度大,轨道交通的站点布设通常是客流追随型的。

(2) 位于郊区的站点包括位于特大城市郊区卫星城(新城)和其他城镇的站点。土地城市化程度和人口密度较低,轨道交通走线和站点确定通常担负着客流引导职能,并将推动站点周边地区快速开发和城市化。

在特大城市人口及城市建设用地向郊区快速扩张的进程中,合理规划郊区轨道交通沿线的站点社区,能够更好地发挥客流引导作用,对特大城市交通产生正面影响,有利于低碳交通发展目标的实现。

6.4.1 以轨道交通为中心的 TOD 开发模式

TOD(Transit Oriented Development,公共交通导向发展)模式是 20 世纪 80 年代以后,面对北美中心城衰落和郊区蔓延引发的一系列城市问题,基于主张土地利用与公共交通结合,促进城市形态从低密度蔓延向更高密度的、功能复合的、人性化的形态演变而提出的一种依托公共交通尤其是轨道交通的城市空间发展模式。一般来讲,TOD 强调临近站点地区的紧凑的城市空间形态,混合的土地使用,较高的开发强度,便捷友好的地区街道与步行导向发展。1997 年,Robert Cevero 在总结以往的TOD 规划原则的基础上,提出了"3D"规划原则——密度(Density)、设计(Design)、多样性(Diversity),即通过相对较高强度的开发,保证公共交通必要的密度要求与开发的经济需求,同时通过基于传统价值观的行人导向的空间设计和土地混合使用,满足人的多样化选择。[3] TOD 理论在城市空间布局方面的具体内容。[4]

6.4.2 TOD 的空间界定

TOD 的发展模式对于在城市外围的起点端与位于城市中心的迄点端两者之间有很大的不同。根据调查在位于城市中心的迄点端,轨道交通的影响范围很大程度上取决于步行的距离,为了利用好这一优势,大多数站点会选择投资较大的上盖式开发模式。上海的"龙之梦"和"日月光广场"等都是一些非常成功的案例(图 6-7)。

图 6-7 上海某地铁站建设

这里我们主要讨论位于城市外围轨道交通起点地区的 TOD 发展模式的影响,根据我们对上海的研究在外围地区其影响范围可以扩展到距轨道交通站点 3 km 的半径范围。

如果能够在这些地区成功实现"TOD"的发展模式,并将其运用于区域层面,其理念体现在城市产业及空间发展策略上,如将居住、工作、购物、休闲等活动有秩序分布在轨道交通沿线走廊,必将鼓励人们更多地依赖大运量公交解决长距离通勤,从而促进沿线居住和就业的平衡,降低城市无序扩张等。

6.4.3 实现 TOD 的城市规划与设计要素

基于 TOD 理论的规划包含宏观层面的轨道交通规划、城市总体规划以及微观层面的沿线社区城市设计。这需要合理布置轨道交通线路并做好交通接驳规划,沿线地区土地利用规划也要随轨道交通调整,尽量在站点周边结合交通网点和步行系统构建经济圈和生活圈。

"TOD"理论的具体规划原则主要包括:在市域规划层面上组织以公共交通系统为支撑的紧凑的城镇中心;站点周围步行范围内布置商业、居住、就业岗位和公共设施以及多种密度的住宅类型;营造完善的步行网络、宜人的街道空间并使公共空间成为活动中心;保护生态敏感区、滨水区以及高质量的开敞空间。

6.4.4 美国俄勒冈州波特兰市绿色交通实践中的 TOD[5]

波特兰市是美国俄勒冈州最大的城市,该市长期以来在绿色交通建设、发展公共交通、解决交通拥堵和空气污染等方面一直走在美国其他城市的前列。

与美国联邦交通政策的发展过程一样,波特兰市的交通发展也经历了一个由高速公路主导向绿色交通转型的过程。从 20 世纪 70 年代中期开始,伴随着两个标志性的政策的实施:

(1) 州立法要求每个城市和县必须划定城市增加边界(Urban Growth Boundary, UGB)以保护多产的农田和森林。

(2) 从重点发展高速公路系统转向发展轻轨系统(Light Rail Transit,LRT),波特兰市进行了一系列城市空间优化及绿色交通发展的探索。

1. 发展以 LRT 为支撑的紧凑的城市空间结构

1973 年,波特兰市开始致力于 LRT 的建设,结合 TOD 的开发模式,将其作为城市空间优化和中心区复兴的手段。1980 年,Tri-Met、波特兰市、Gresham 市和 Multnomah 县共同提交了公交站区域规划,沿着规划的轻轨交通廊道进行 TOD 发展。Metro 编制的 2040 Growth Concept 规划的目标是:到 2040 年,2/3 的就业岗位和 40% 的住户将位于有轻轨和公共汽车服务的交通走廊上,而区域的增长和发展将利用 UGB 进行控制。

2. 发展有轨电车作为 LRT 的补充

波特兰有轨电车(Portland Streetcar)系统主要服务于城市中心区域。有轨电车造价较 LRT 低,其主要目的是方便市民出行的同时,在客运高峰期为 LRT 分担和转运客流。

3. 建设公交步行街区

波特兰公交步行街区(Portland Transit Mall)是位于 Downtown 中心的一个南北向条形区域,两侧均为单行道(One-way),且只允许公共汽车和轨道车辆通行,中间为步行区域。公交步行街在提高通行效率的同时,极大地缓解了交通压力。

4. 注重自行车和步行系统的建设

俄勒冈州和波特兰市一直注重自行车和步行系统的规划建设。俄勒冈州的《自行车议案》(1971 年)要求州和地方政府花费适量的高速公路资金(最少 1%)在自行车道和步行道上。进一步的立法是 1991 年颁布的交通规划条例(Transportation Planning Rule),要求城市区域、县和市制定交通体系规划,必须实施以下要求:①新开发项目必须提供自行车停车设施;②为行人和自行车安全、便利出入提供场地设施;③主干道和次干道沿线设置自行车道和人行道,地方支路沿线设置人行道;④行人和公共交通体系之间需便利连接;⑤保证充分的土地利用类型和密度以支持公共交通的发展。1996 年,波特兰市自行车使用总体规划获得批准通过。通过以上条例,波特兰市成为北美地区自行车利用率最高的城市,自行车的通勤比例由 1996 年的 1.2% 左右上升到 2006 年的 4.2% 左右。

5. 制定相应的激励机制,同时体现人文关怀

(1)实行免费区域。在基本覆盖 Downtown 区域的一个范围内乘坐所有的 LRT 和有轨电车都是免费的。

(2)关怀弱势群体,实行票价减免政策。荣誉市民、学生、残疾人购买月票票价只是正常价格的 1/4～1/2。

(3)采用各种便利设施。波特兰市的公共交通工具采用低地台的无障碍车型,并设有无障碍席位,在每个有轨电车站点设置信息屏,利用 GPS 技术为乘客提供即时乘坐信息。

结果表明,绿色交通体系支撑的紧凑、混合发展模式的成效是显著的。当美国其他城市的人均车辆里程在增加的时候,波特兰市的人均车辆里程却从 1996 年开始逐年减少。波特兰人相较于美国其他城市的人,平均每天少驾车 6.4 km,每年节省 11 亿美元的直接成本(如汽油)和 15 亿美元的时间成本。

从以上对美国波特兰市的"TOD"发展模式的分析中我们可以看到为了实现"TOD"的发展模式,不仅需要我们按照一定的技术要求来设计,而且需要一整套的相关政策的支撑。下面我们以上海九亭地区为例进行研究分析。

6.5　九亭——上海郊区轨道交通社区 TOD 案例

上海市域轨道交通 9 号线是一条市域轨道交通线路。轨道交通 9 号线九亭站位于松江区九亭镇。九亭镇位于上海市西南部,松江区东北部,辖区面积约 32 km²,站点地区在地理位置上属于郊区(图 6-8)。

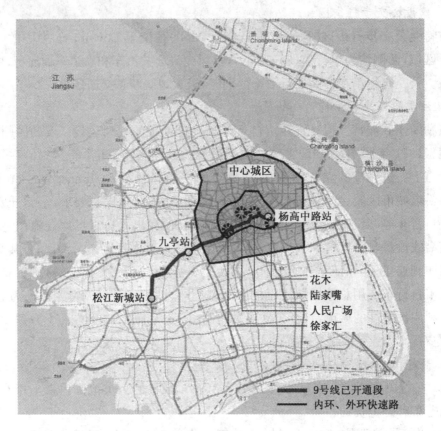

图 6-8　9 号线已开通段市域区位示意图

九亭地区总体规划编制完成于 9 号线开通之后,作为一般城镇,规划用地和人口规模受轨道交通影响较大,规划将地区公共活动中心调整至站点附近,站点所在地块现状已是高强度开发的商住混合用地,且相邻地块中已实现功能置换的用地也以商业办公、商住混合用地为主。用地混合度较高,开放空间尺度小,站点与公共活动中心设置的紧密度较高(图 6-9)。

与九亭站接驳的常规公交线路站点设置集中,均在九亭站出入口附近,换乘距离短。接驳公交线路覆盖了站点地区大部分居住用地,线路覆盖面较大,九亭站点地区具有一定 TOD 特征。

6.5.1　九亭轨道交通社区居民出行特征

九亭站点周边 3 km 半径范围内的抽样调查显示,大部分居民是由于轨道交通建设或轨道交通建设后搬迁过来的。其中有相当多的居民有使用轨道交通为通勤工具的愿望。其中住在市中心或从外省市搬迁过来的居民,有 50% 以上将轨道交通作为首选的通勤工具(表 6-2)。

图 6-9 九亭地区规划(2009—2020)功能结构及站点位置示意图

表 6-2 从不同地区搬迁过来居民使用地铁的意向

以前住处	地铁为主要出行方式	地铁为次要出行方式	没考虑地铁的使用	没有回答	总 计
中 心 城	53.1%	34.0%	12.9%	0.0%	100.0%
上海郊区	30.5%	35.5%	33.5%	0.5%	100.0%
其他省份	51.3%	25.0%	23.8%	0.0%	100.0%
总 计	45.4%	33.3%	21.1%	0.2%	100.0%

　　工作居民在通勤出行中使用轨道交通的居民占有工作居民的 44.9%,占使用公交通勤的居民群体的 79.3%,使用轨道交通通勤的人中有 99.6% 出发站为 9 号线九亭站,0.4%(1 个个案)出发站为与九亭站相邻的 9 号线中春路站,大部分希望使用轨道交通的居民都实现了他们的愿望,这一比例高达 69.5%。并且,对一些从未将轨道交通作为通勤交通工具的居民中,也有 26.7% 的居民使用轨道交通上班。轨道交通在居民通勤出行中比常规公交、出租车更有竞争力(表 6-3)。

表 6-3　　　　　　　　搬迁时采用地铁通勤的愿望与实际状况

实际通勤模式	搬迁时使用通勤方式的意愿		
	主要用地铁	地铁是次要	没有考虑过
地　铁	69.5%	20.3%	26.7%
自行车或电动自行车	11.6%	32.8%	19.3%
小汽车	10.9%	39.1%	34.7%
公交车	8.0%	7.8%	19.3%
总　计	100.0%	100.0%	100.0%

使用轨道交通方式通勤的居民中,5.5%的人是往松江新城(上海郊区西南部卫星城)方向的,94.5%的人是往上海市中心方向的。使用轨道交通通勤的居民中有 86%的人通勤目的地位于中心城区,明显高于全体有工作居民通勤目的地位于中心城区的比例(57.9%),目的地集中度非常高。可见,站点地区使用轨道交通通勤的居民,以工作地点在中心城区者为主。9 号线为九亭站点地区居民在中心城区提供通勤换乘条件的功能发挥是比较明显的。

6.5.2　小汽车出行与轨道交通出行的竞争

目前,由于小汽车的拥有率依然较低,人们采用轨道交通出行的比例较高。随着人们收入水平的提高,小汽车的保有量也会增长。如果人们具有小汽车而仍然使用轨道交通,那么轨道交通建设在未来抑制小汽车的过度使用中的作用如何还需要进一步研究。

站点地区拥有小汽车的住户中有 98.4%家中有需要上下班通勤的成员。在有小汽车且成员需要上下班通勤的住户中,有 92.1%(119 户)的住户有成员在通勤中使用了小汽车(包括通勤全程使用小汽车和使用小汽车与公共交通换乘),仅有 7.9%(7 户)的住户拥有小汽车但不使用小汽车通勤。可以说,拥有小汽车的家庭在通勤中对小汽车的使用率是比较高的。

通常情况下,居民在选择通勤方式时会综合考虑通勤出行距离、交通条件、居民本身社会经济属性等因素。运用二值 Logistic 回归分析方法的研究结果显示,"是否有小汽车"、"年收入"、"搬迁前轨道交通使用意愿"对居民在小汽车和轨道交通通勤方式之间的选择存在影响,而其他因素的变化对居民的选择基本没有影响。有小汽车的、年收入越高的居民越倾向于选择小汽车通勤,而搬迁前对使用轨道交通考虑较少的居民越倾向于选择小汽车通勤(表 6-4)。

表 6-4　　　　　　　　轨道交通站点地区通勤方式选择模型

		B	S.E.	Wald	df	Sig.	Exp(B)
Step 1a	圈层	0.599	0.592	1.024	1	0.312	1.821
	是否有小汽车(1 为有)	5.838	0.807	52.371	1	0.000	343.063
	工作地点区域 0 中心城区	0.957	0.625	2.347	1	0.126	2.604

续表

		B	S. E.	Wald	df	Sig.	Exp(B)
Step 1a	性别 0 女	2.087	0.602	12.040	1	0.001	8.065
	年收入	0.000	0.000	16.025	1	0.000	1.000
	上班地点是否靠近轨道交通站点	1.083	0.556	3.798	1	0.051	2.954
	使用意愿 0 强烈	2.071	0.545	14.446	1	0.000	7.931
	到地铁站步行环境	−0.389	0.804	0.235	1	0.628	0.678
	到地铁站自行车停车设施	−0.761	0.800	0.906	1	0.341	0.467
	到地铁站公交接驳	0.283	0.671	0.178	1	0.673	1.327
	年龄的平方	0.001	0.003	0.097	1	0.755	1.001
	上一个居住地 0 中心城区	−0.753	0.587	1.644	1	0.200	0.471
	A 通勤总时间	−0.089	0.019	22.130	1	0.000	0.915
	年龄	−0.037	0.222	0.027	1	0.869	0.964
	Constant	−6.450	4.396	2.152	1	0.142	0.002

在没有小汽车的住户中,有轨道交通通勤成员的住户有 25.6% 在未来 3 年内有购车意愿。而家中没有成员使用轨道交通通勤的住户,只有 0.9% 打算买车,可见,家中有轨道交通通勤者的住户,比使用其他方式通勤的住户,购车意愿更为强烈。

但是从另一方面来看,70% 的有购车意愿且有轨道交通通勤成员的住户并没有明确的以小汽车通勤计划,大部分有购车意愿住户对目前的轨道交通通勤方式还是比较满意的。即便如此,根据前面的分析研究,一旦人们拥有小汽车放弃轨道交通出行而选择小汽车的可能性非常高,而其中的影响因素并不是城市规划的手段可以控制的,所以我们必须有与“TOD”发展模式相一致的城市整体绿色交通政策,才能够保证低碳城市发展模式的实现。

比较《居住区设计规范》与美国的《绿色低碳社区发展评估系统》,目前比较关注的有公共配套,道路与居住人口的比例,以及一些指导性的指标来确保居民的生活水平得到保障,但没有提出直接针对低碳的内容,如精明选址,职住平衡,交通需求管理和抑制小汽车使用这些重要指标。这就难免会出现钟摆交通和小汽车出行依赖的问题。

结合市域轨道交通郊区站点,运用 TOD 模式建设轨道交通社区,能够引导居民使用公共交通实现郊区社区与中心城区之间的联系,对特大城市低碳交通模式的发展是有益的。

另一方面,轨道交通建设、开通对站点地区住户小汽车拥有率增长趋势基本没有影响;轨道交通与小汽车通勤居民在部分社会经济特征上有显著差异;站点地区居民一旦拥有小汽车,则在通勤中使用小汽车的可能性非常高。

仅仅依靠轨道交通社区建设、提高轨道交通使用便利度等城市规划手段是不够的,城市仍需要从经济、政策、法规、宣传、教育等多方面入手,控制小汽车的使用率,保障城市交通的低碳发展。

6.6　参考文献

[1]王雅捷.低碳视角下的城市规划研究现状及发展方向[J].北京规划建设,2011(02):19-21.

[2]廖邦固,徐建刚,宣国富,等.1947—2000年上海中心城区居住空间结构演变[J].地理学刊,2008,63(02):195-206.

[3]潘海啸,任春译.《美国TOD的经验、挑战和展望》评介[J].国外城市规划,2004,19(06):61-65.

[4]顾新,伏海艳.以TOD理论指导东莞轨道交通与土地利用整合规划[C]//规划50年——2006中国城市规划年会论文集(上册).北京:中国建筑工业出版社,2006:603-609.

[5]罗巧灵,DAVID M.美国交通政策"绿色"转型、实践及其启示[J].规划师,2010,26(9):5-10.

第7章
结论与建议

面对全球气候变化的影响,各国都在积极努力减少二氧化碳排放对全球气候环境变化的影响,土地使用和交通是世界大城市减少城市二氧化碳排放的重要领域。上海作为一个正在崛起的国际中心城市,必须承担在提高城市竞争力、改善人们生活水平的同时,减少二氧化碳的排放,探讨一条与发达国家高发展、高排放的不同路径。

上海集约型城市建设方面已经取得了重大的成果。面临城市建设重心由中心区向郊区的转变,多心、多核网络型结构是大都市区空间布局的必然选择。然而如果仅考虑空间布局,缺乏对支撑或引导这一空间布局结构的交通体系的协调,我们很难保证上海低碳城市空间结构的实现。未来上海理想的多心、多核的低碳城市空间结构必须建立在由干线公交先导的、多种交通模式平衡的绿色交通体系的基础上,最终形成一个多心、多核、网络嵌套型低碳大都市空间结构。

上海多中心城市建设中我们必须考虑轨道交通枢纽建设与各级城市中心建设的耦合,也就高强度的城市开发建设要建立在高公共交通可达性的基础上。这两者不仅要在空间上耦合,开发强度上分布上一致,而且还要在时序上协调。公交可达性应该成为上海城市规划空间政策的一个最基本的衡量指标。

轨道交通供给也存在边际效用递减的规律,因此我们在这里提倡 5D 发展模式(POD>BOD>TOD>XOD>COD)。由于上海这个特大城市交通与土地使用具有共发并生的特点,只有多模式交通体系的选择,才能适应于所处城市环境的高密度、高度混合的特征,否则在快速轨道交通和快速道路建设的模式指导下,我们充其量只能是复制东欧城市的发展模式。

城市密度对保持公共交通与绿色交通的比例非常重要。降低密度或许可以减少交通拥挤,但世界上没有一个城市能在低密度条件下提高保持较低的二氧化碳排放。我们单个项目的密度已经得到很好控制,但由于一些无序扩张,城市总体毛密度正在下降。另一方面,高品质公共交通的改善,可以提高开发建设的强度。一味降低密度的策略并不可取。

路网规划时,应强调小街区设计、密集的街道网络、混合的土地使用方式以及基本生活设施的配置,从而更加有利于绿色交通和城市可持续发展。上海的新城本应该以一个个独立的城市标准进行规划建设,但目前的规划建设仍采用附属于中心城的郊区开发方式,路网结构严重不合理,路网密度低,支路少,应尝试探索如何改变这种模式的方法。

过宽,过大的马路严重影响城市的绿色交通,规划部门对道路空间的管理应该从道路红线管理扩展到道路断面的设计管理。实行道路"消肿"、"减肥"计划。对道路断面空间的划分进行必要的调整,以有利于绿色交通的发展及与周边用地功能的协调。

城市特别是外围地区的交通发展及过度强调大型商业综合体而忽视城市街道塑造的模式朝着有悖于传统高密度及有利于步行和自行车使用的路网方向发展,这显然不利于发展绿色交通,也不利于低碳城市发展目标的实现。

制定系统的非机动车交通政策,保证非机动车出行的安全和方便,促进上海自行车交通文化的全面复兴。特别是非机动车的停车设施应该成为轨道交通站点设计的一项基本设施配置。在保证安全的前提下,电动自行车在减少能源消耗,二氧化碳排放和方便灵活方面优势明显。

比较《居住区设计规范》与美国的《绿色低碳社区发展评估系统》,前者没有提出直接针对低碳的内容,只有修正和调整这个技术规范才能更有利于低碳城市的发展目标。

轨道交通的建设和围绕轨道交通站点的"TOD"发展模式,目前的确可以抑制人们对小汽车的依赖。但住在这里有小汽车的居民,对小汽车的依赖性也很强。如果缺乏交通需求管理政策以抑制小汽车并鼓励绿色交通,"TOD"的建设模式也难以实现低碳的目标。

仅仅依靠轨道交通社区建设、提高轨道交通使用便利度等城市规划手段是不够的,城市仍需要从经济、政策、法规、宣传、教育等多方面入手,控制小汽车的使用率,保障城市交通的低碳发展。

后　记

　　《上海特大型城市低碳城市规划——城市空间结构与交通规划策略》课题的完成要感谢上海市规划和土地资源管理局的大力支持。

　　也要感谢上海市城市综合交通规划研究陆锡明教授、上海市规划和国土资源管理局总体规划局副巡视员李俊豪高级工程师、上海市规划和土地资源管理局总体规划管理处王林处长、上海市规划和土地资源管理局科技处凌传荣处长在本科题的完成过程中对本课题的指导与帮助。

潘海啸

2016.1.30